つまずきをなくす

（小4算数）

西村則康
高野健一

ー全分野ー

基礎からていねいに

実務教育出版

はじめに

「つまずきをなくす」シリーズは、好評のうちに、計算編・文章題編・図形編、全学年を発刊し、ありがたいことに版を重ね続けています。これは問題集の題名どおり、今まさにつまずいている子どもたちが多い証拠だと考えています。

小学校で学習する算数の基盤を作りあげることは、中学・高校で学習する数学のためにはどうしてもやっておかなければいけないことです。今、小学校の試験でよい点数を取るための努力をすることは、中学以降に学習する数学の基盤を自然に作りあげることになります。そのお役に立てていることは著者冥利に尽きます。ありがとうございます。

「つまずきをなくす」シリーズを全巻作り終えて、もうこれ以上補うことはないだろうと考えていたところ、「もっとコンパクトなものを」という要望を編集部からいただきました。確かに今の「つまずきをなくす」シリーズを使って、たとえば小学4年生の算数の総復習をしようとすれば、まず、計算編1冊を仕上げ、その後文章題編をもう1冊解き、図形編の4年生の範囲をやることになります。3冊の大判の問題集を積み上げられて、「これをやりなさい！」と言われる子どもの立場に立てば、コンパクトに全項目が入っている1冊ものがあればよいのに、という気持ちは痛いほどわかります。

そこで、本書を制作するに当たり、3つの大胆な基本方針を立てました。
❶ この1冊で、その学年の大切な事柄を全部学習できるコンパクトなものにする。
❷ 「なぜそうなるの？」という概念理解を、子どもにわかりやすい形で書き表す。
❸ 子どもが無理なく読み進めることで、体感的に理解できることを重視する。

小学4年生用の本書では、特に前記の❸の項目にこだわりました。それは、学習内容が高度に抽象的になり、急に難しくなったと感じる子どもたちが多いからです。たとえば、数字は桁数が増え、小数も本格的に扱われます。ここでは10進数の体感的理解が大切になります。また図形では、角度を本格的に習います。図は大きいのに角度は小さいようなときに、角度の体感的理解が試されることになります。

このような概念の理解は、機械的なくり返し学習ではうまくいきません。「ああ、そういうことだったんだ！」という納得感が大切になります。

本書の各項目は、いつも「つまずきをなくす説明」から始まります。この説明は、クマくんとウサギさん（生徒）とフクロウ先生の会話で成り立っています。どこがわからないかを言い表せない子どもに代わって、クマくんとウサギさんが質問しています。また、親御さんが説明する代わりに、フクロウ先生が解説しています。

子どもひとりで勉強する場合は、このページを読んでもらうことで、"疑問を発言して"・"解決のヒントをもらって"・"ああ、なるほどと理解する"練習を積むことができます。

親御さんが協力できる場合は、クマくんとウサギさんの吹き出しを子どもが音読し、フクロウ先生の部分を親御さんが音読するという使い方をお勧めします。丁寧に内容を理解する最良の練習になります。

そして、これまでの「つまずきをなくす」シリーズと同様に、"文字は大きく・読みやすく・書きこみやすく"は絶対に外せない方針として、継承しています。

前述のとおり、本書は大切な項目をコンパクトにまとめ、子どもたちが、「これだったら、ちょっとがんばればなんとかなりそう」と感じてもらえることを目的にしています。そのために、演習量を意識的に少なくしています。また、各項目の見出しの下に、「関連ページ（「つまずきをなくす○○」○○～○○ページ）」を記載しました。本書で、「なるほど、そうだったのか！」と理解した後に、これまでの「つまずきをなくす」シリーズの該当箇所の演習問題を解くことで、知識の定着は格段に高まります。

本書は、小学校の授業進行と合わせて、その復習として使うことで理解が深まり、学校の試験の点数が上がるという直接的な効果があります。また、予習として使い、小学校の授業をよりスムーズに理解することを目的にした使い方もできます。本書が、多くの子どもたちの"苦手の芽"を摘み、今後学習する算数や数学に自信を持ってもらえることを心から願っています。

2020年1月　西村則康

本書の使い方

算数って、本当に苦手だな。

明日テストがあるらしいし、どうしよう……。

ホーホッホッホ、だいじょうぶですよ。

あっ、フクロウ先生！

算数が苦手でこまっているんだって？

そうなの……。

じゃあ、この『つまずきをなくす 小４算数 全分野 基礎からていねいに』を使ってみないかい？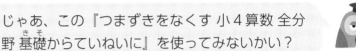

でも、算数の参考書や問題集ってむずかしいから……。

この本は算数が苦手なクマくんやウサギさんでもひとりで勉強できるように、ちゃーんとくふうしておいたからね。

ひとりで勉強なんて心配だわ……。

そんなことはないよ。ほら、こんなふうになっているから。

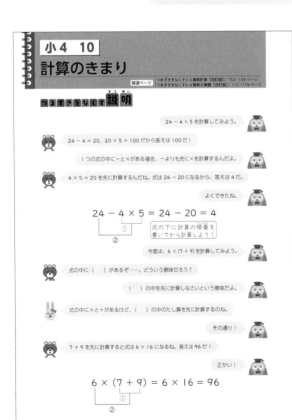

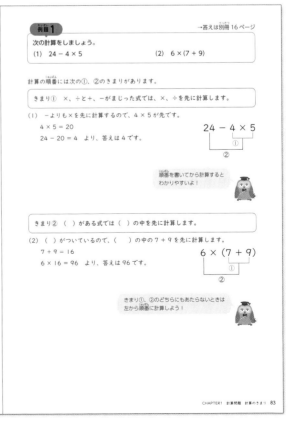

あっ、ぼくだ。

わたしもいるわ。

ホーッホッホッホ、君たちがこまっていることはお見通しだからね。

ぼくたちがこまっていることをフクロウ先生が教えてくれるんだね。

これまでの「つまずきをなくす算数」シリーズよりももっと基礎ができるように先生がヒントをあげるから、それを読むとクマくんやウサギさんひとりでも正しい答えが出せるよ。

フクロウ先生がついてくれるのなら安心だわ。

例題を勉強して基礎がわかったら、ページをめくって練習をしてみよう。

たしかめよう

→答えは別冊16ページ

□ の中に、あてはまる数を書き、また正しい方を丸でかこみましょう。

1 48 − 28 ÷ 4 を計算しましょう。

ひき算とわり算では ひき算・わり算 を先に計算します。

28 ÷ 4 = □

48 − □ =

より、答えは □ です。

$$48 - 28 \div 4$$

2 36 ÷ (4 + 8) を計算しましょう。

( ) のある式では、( ) の 中・外 を先に計算します。

4 + 8 = □

36 ÷ □ = □ より、答えは □ です。

$$36 \div (4 + 8)$$

3 120 ÷ 5 × 4 を計算しましょう。

わり算とかけ算では計算のきまりは関係ないので、左・右 から計算します。

120 ÷ 5 = □

□ × 4 = □

より、答えは □ です。

$$120 \div 5 \times 4$$

4 36 + (36 − 4 × 3) ÷ 6 を計算しましょう。

計算の順番に気をつけましょう。

( ) がある式ではまず ( ) の中を計算するので、最初に 36 − 4 × 3 を計算します。

ひき算とかけ算では ひき算・かけ算 を先に計算するので、一番最初に計算するのは □ です。

このことに気をつけると、36 − 4 × 3 = □ になります。

このとき、のこった式は 36 + 24 ÷ 6 になります。

たし算とわり算では たし算・わり算 を先に計算するので、

36 + 24 ÷ 6 = □ です。

次のように、先に計算の順番を書いてしまうとわかりやすいよ！

$$36 + (36 - 4 \times 3) \div 6$$

5 48 − 18 × (32 − 2 × 15) の計算の順番を下に書いてから計算しましょう。

48 − 18 × (32 − 2 × 15) = □

本に書きこんでもいいの？

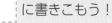

もちろん。その方がひとりで勉強しやすいだろう？ □ に書きこもう！

やった！

このページができたら、どうすればいいの？

「たしかめよう」の後には「やってみよう」という、ふく習の問題とチャレンジ用の問題のページがあるから、それをやるといいよ。

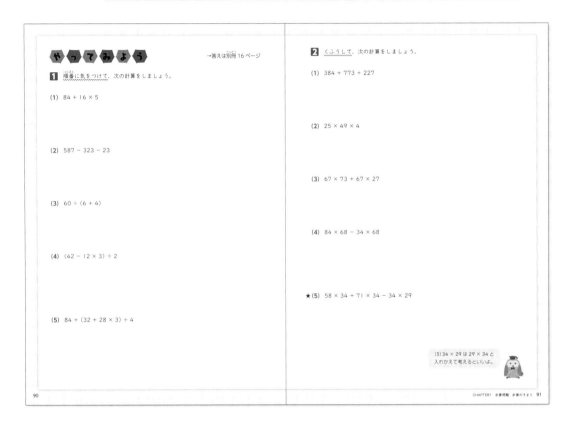

やってみよう　　　　　　　　→答えは別冊16ページ

1　順番に気をつけて、次の計算をしましょう。

(1)　84 + 16 × 5

(2)　587 − 323 − 23

(3)　60 ÷ (6 + 4)

(4)　(42 − 12 × 3) ÷ 2

(5)　84 + (32 + 28 × 3) ÷ 4

2　くふうして、次の計算をしましょう。

(1)　384 + 773 + 227

(2)　25 × 49 × 4

(3)　67 × 73 + 67 × 27

(4)　84 × 68 − 34 × 68

★(5)　58 × 34 + 71 × 34 − 34 × 29

(5) 34 × 29 は 29 × 34 と入れかえて考えるといいよ。

90　　　　　　　　　　　　　　　　　　　CHAPTER1 計算問題 計算のきまり　91

チャレンジ用の問題ってむずかしそう……。

★がついているチャレンジ用の問題ではヒントを出しているから、もしこまったらヒントを読んでから考えてみよう。

フクロウ先生がヒントを出してくれるのなら何とかできそうだわ。

この本で基礎がわかって、もっといろいろな問題で練習したいときには、これまでの「つまずきをなくす算数」シリーズにも取り組んでみよう。「つまずきをなくす説明」ページの上の方にどこを見ればいいか書いておいたからね。

よーし、この本を使ってがんばってみよう！

学習のポイント

 フクロウ先生、4年生の算数ではどんなことを学習するの？

 いろんな内ようがあるけれども、大きく分けると①計算問題、②文章題、③図形問題の3つになるよ。

 そうなんだ。

 では最初に①計算問題の内ようを見てみよう。

	学習のテーマ	達成目標
1	わり算の暗算①（÷1けた）	「何十÷1けた」などを暗算で計算できる
2	わり算の筆算①（÷1けた）	位に気をつけて筆算を書くことができる
3	わり算の暗算②（÷2けた）	「何十÷2けた」などを暗算で計算できる
4	わり算の筆算②（÷2けた）	商が立つ位を正しくとらえることができる
5	小数のしくみ	小数の10倍、100倍、$\frac{1}{10}$、$\frac{1}{100}$ がわかる
6	小数のたし算・ひき算	小数のたし算・ひき算を計算できる
7	小数のかけ算	小数×整数の計算ができる
8	小数のわり算	小数÷整数の計算ができる
9	分数のたし算・ひき算	分母が同じ分数どうしのたし算、ひき算ができる
10	計算のきまり	＋、−、×、÷の混じった計算ができる
11	およその数	およその数を3つの方法でもとめることができる

 最初からわり算がつづいているわ。

 そうだね。わり算の筆算では計算した数字をどこに書くかという「位取り」がとくに大切になるんだ。

 では、小数の計算では何が大切なの？

 一番大切なことは筆算に書いたときに小数点をどこにつけるかだよ。とくにたし算やひき算のときとかけ算のときとでは大きくちがうから注意がひつようだよ。

わり算も小数も「位」が大切なのね。

その後に出てくる「計算のきまり」って何なの？

たし算、ひき算、かけ算、わり算がまじった式の計算なんだけど、計算の順じょにはルールがあるんだ。

何かむずかしそうね。

でもこのルールをうまく使うと、たいへんそうな計算をかんたんにすることもできてしまうんだ。

②文章題ではどんなことを勉強するの？

次のようなことを勉強するよ。

計算問題で勉強したことの文章題が多いわ。

そうなんだ。だから計算をきちんとできるようにしておくと、ここでの勉強がしやすくなるよ。

計算って大切なんだね。

文章問題でとくに大切になるのは「『○倍』の文章題」だよ。

「倍」といったらかけ算だ！

ちょっと待って、「6は2の□倍」だとわり算にもなるわ。

そうだね。かけ算になるかわり算になるかを「○は□の△倍」という文章からきちんと式にできることが大切なんだ。

でも、数字を見たら予想がつきそうだね。

いや、ここでは小数倍も出てくるから数字ではんだんすることは危険^{きけん}だよ。

じゃあ、どうやってはんだんするの？

「は」「の」という言葉に注目するんだよ。この「○は□の△倍」という表げんは5年生で勉強する「割合^{わりあい}」につながる重ような考え方になるよ。

その次の「1つの式に表す」って、文章題に答えるならべつべつに式を書いてもいいと思うんだけど……。

もちろん答えを出すだけならそうだよ。でも、ここで1つの式に表すことになれておくと、中学校に入ってから役に立つんだ。

4年生の学習内ようはこの先にもつながるものなんだね。

最後^{さいご}に③図形問題の内ようを見てみよう。

	学習のテーマ	達成目標^{たっせいもくひょう}
22	角の大きさ	分度器^{ぶんどき}を用いて角をよみかきできる
23	直線の垂直^{すいちょく}と平行	直線どうしの垂直^{すいちょく}・平行の関係^{かんけい}を理かいする
24	いろいろな四角形	いろいろな四角形のせいしつを理かいする
25	面積^{めんせき}①	長方形や正方形の面積^{めんせき}をもとめることができる
26	面積^{めんせき}②	面積の単位^{めんせきたんい}をへんかんすることができる
27	直方体と立方体①	直方体や立方体の見取図^{みとりず}・展開図^{てんかいず}が読み取れる
28	直方体と立方体②	辺^{へん}や面の垂直^{すいちょく}・平行を読み取れる

「角度」とか「面積」とか聞いたことのない言葉ばかりだ……。

クマくんはじょうぎで長さをはかったことがあるよね。

2年生のときにやったよ。

それと同じように直線の開き具合を「分度器」という道具ではかったものが角度なんだ。

じゃあ、「面積」は何のこと？

「面積」は広さを数字で表したものだよ。このように4年生では図形に関するいろいろな量を数字で表すことがふえていくよ。

数字で表すのか……。むずかしくなりそうだなぁ。

でも、長さを数字で表すとくらべやすくなったように、角度や面積も数字で表すことで図形に関するいろいろなせいしつが調べやすくなるんだ。

最後の直方体と立方体っていうのは……？

ティッシュなどの「箱」の形のことだよ。ここではいろいろと新しい言葉が出てくるけど、5年生で他の立体を調べるときに大切になるからきちんと勉強するようにしよう。

フクロウ先生の話を聞いて、大事なことがわかった気がするわ。

でも、4年生の勉強、だいじょうぶかなぁ？

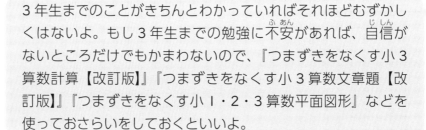3年生までのことがきちんとわかっていればそれほどむずかしくはないよ。もし3年生までの勉強に不安があれば、自信がないところだけでもかまわないので、『つまずきをなくす小3算数計算【改訂版】』『つまずきをなくす小3算数文章題【改訂版】』『つまずきをなくす小1・2・3算数平面図形』などを使っておさらいをしておくといいよ。

もくじ

Chapter 1 計算問題

Chapter 2 文章題

3 図形問題

計算問題

小4　1

わり算の暗算①（÷１けた）

関連ページ「つまずきをなくす小４算数計算【改訂版】」26～33ページ

つまずきをなくす説明

先生、60 ÷ 3 はどうやって計算するの？

6 ÷ 3 だったら計算できるよね？

6 ÷ 3 ＝ 2 だよね。

正かい！　それじゃあ、下の図を見てよーく考えてごらん。

[1]　[1]　¦　[1]　[1]　¦　[1]　[1]　　6　÷ 3 ＝ 2

[10]　[10]　¦　[10]　[10]　¦　[10]　[10]　　60 ÷ 3 ＝ ？

60 を 10 のかたまりに分けて考えるんだね。

このかたまりを 3 つに分けるとどうなるかな？

60 は 10 のかたまりが 6 こだから、3 つに分けると
10 のかたまりが 2 こずつになって 20 だね！

例題（れいだい）1

→答えは別冊（べっさつ）2ページ

60 ÷ 3 を計算しましょう。

60 を 10 が 6 つ集まった数と考えます。

⑩　⑩　⑩　⑩　⑩　⑩

6 この⑩を 3 つに分けることを考えると、6 ÷ 3 ＝ 2 より、⑩が 2 こずつの組に分けることができます。

⑩　⑩ ┆ ⑩　⑩ ┆ ⑩　⑩

⑩が 2 こずつなので、1 つの組は 20 です。
つまり、60 ÷ 3 ＝ 20 です。

60 ÷ 3 と 6 ÷ 3 をならべてみると、次のようになります。

60 ÷ 3 ＝ 20　　⑩　⑩ ┆ ⑩　⑩ ┆ ⑩　⑩

6 ÷ 3 ＝ 2　　①　① ┆ ①　① ┆ ①　①

ということは、60 ÷ 3 を計算するときには、わられる数 60 の 0 を 1 つとった 6 ÷ 3 を計算してから、答えの 2 に 0 を 1 つつければよいことがわかります。

60 ÷ 3 ＝ 20
0 を 1 つとる　　0 を 1 つつける
6 ÷ 3 ＝ 2

たしかめよう

→答えは別冊(べっさつ)2ページ

□の中に、あてはまる数を書きましょう。

1 80 ÷ 4 を計算しましょう。

80 は 10 が □ こ集まった数です。

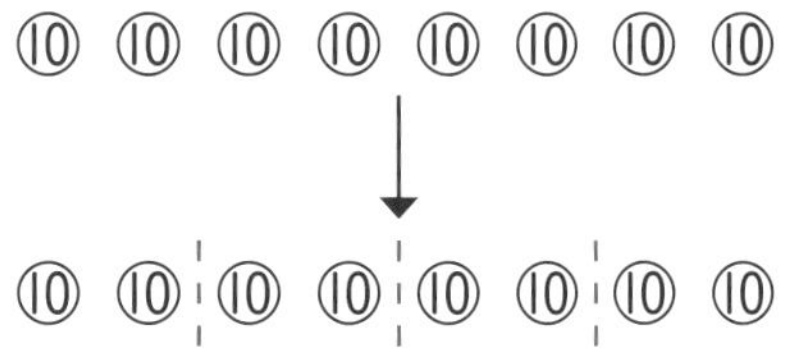

右の図で、[10]は

□ こ ÷ 4 ＝ □ こずつ

に分けられるので、

80 ÷ 4 ＝ □ です。

これは 8 ÷ 4 ＝ 2 の場合とくらべると、0 を □ つとって計算し、答えに 0 を □ つつけているのと同じです。

80 ÷ 4 ＝ 20

0 を 1 つとる ↓　　↑ 0 を 1 つつける

8 ÷ 4 ＝ 2

2 180 ÷ 6 を計算しましょう。

わられる数 180 の 0 を □ つとって計算すると

□ ÷ 6 ＝ □

になります。これをりようして、

180 ÷ 6 ＝ □ です。

3 900 ÷ 3 を計算しましょう。

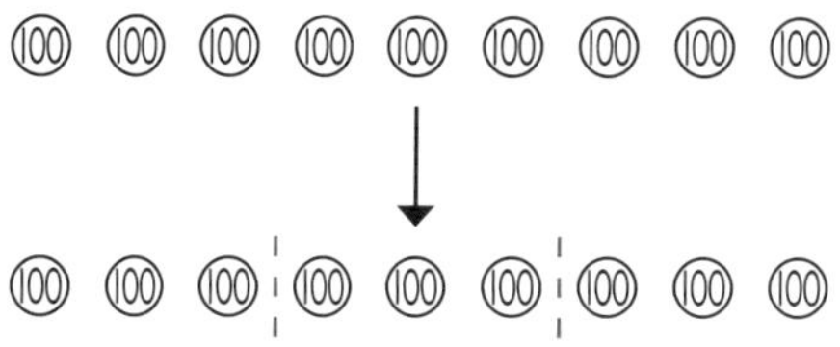

900 は 100 が □ こ集まった数です。

右の図で、[100]は

□ こ ÷　3　= □ こずつ

に分けられるので、

900　÷　3　= □ です。

これは 9 ÷ 3 = 3 の場合とくらべると、0 を □ つとって計算し、答えに 0 を □ つつけているのと同じです。

900 ÷ 3 = 300

0 を 2 つとる　　　　0 を 2 つつける

9　÷ 3 = 3

4 2400 ÷ 8 を計算しましょう。

わられる数 2400 の 0 を 2 つとって計算すると

□ ÷　8　= □

になります。これをりようして、

2400　÷　8　= □ です。

→答えは別冊2ページ

次の計算をしましょう。

(1) 40 ÷ 2 = ＿＿＿＿＿＿

(2) 80 ÷ 2 = ＿＿＿＿＿＿

(3) 600 ÷ 3 = ＿＿＿＿＿＿

(4) 150 ÷ 5 = ＿＿＿＿＿＿

(5) 480 ÷ 8 = ＿＿＿＿＿＿

(6) $2700 \div 9 =$ _____

(7) $1800 \div 3 =$ _____

(8) $5600 \div 7 =$ _____

(9) $6000 \div 2 =$ _____

★**(10)** $4000 \div 8 =$ _____

(10)は0を3つともとると計算できないけど、
0を2つだけとると計算できるね！

わり算の筆算① （÷１けた）

関連ページ 「つまずきをなくす小４算数計算【改訂版】」34〜53 ページ

つまずきをなくす説明

 先生、わり算の筆算ってどうやってやるの？

$$3\overline{)87}$$

 じゃあ 87 ÷ 3 を使って考えてみよう。
8 の中に 3 はいくつあるかな？

① ← ここに
２を書くよ

$$3\overline{)87}$$

 3 × 2 ＝ 6、3 × 3 ＝ 9 だから 2 つ。

正かい！　3 × 2 の 2 を 8 の上に書こう。…①
3 × 2 ＝ 6 の 6 を 8 の下に書いて、
8 － 6 ＝ 2 と計算をするよ。…②

②

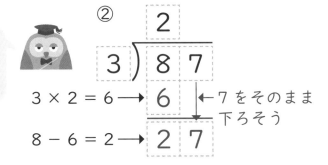

3 × 2 ＝ 6 ⟶ 6　← 7 をそのまま
下ろそう

8 － 6 ＝ 2 ⟶ 2 7

27 の中に 3 はいくつあるかな？

③　2 9 ← ここに
９を書くよ

$$3\overline{)87}$$
6
2 7

 3 × 9 ＝ 27 だから 9 こ！

正かい！　3 × 9 の 9 を 7 の上に書いて、
3 × 9 ＝ 27 を計算しよう。…③
27 － 27 ＝ 0 なのでわり切れたね！…④

④　2 9

$$3\overline{)87}$$
6

2 7

3 × 9 ＝ 27 ⟶ 2 7

27 － 27 ＝ 0 ⟶ 0

87 ÷ 3 を計算しましょう。

まず、十の位を見て、8 の中に 3 がいくつあるか考えます。

8 ÷ 3 ＝ 2 あまり 2 より、8 の中に 3 は 2 つあります。

この 2 を 8 の上に書いてから、下のように計算しましょう。

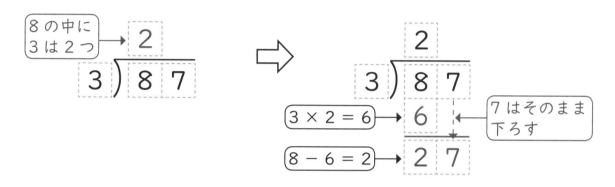

次に、27 の中に 3 がいくつあるか考えると、27 ÷ 3 ＝ 9 より 9 こです。

同じように計算すると、次のようになります。

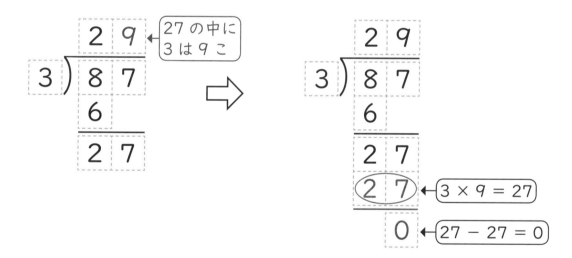

87 ÷ 3 ＝ 29 です。

→答えは別冊2、3ページ

□ の中に、あてはまる数を書きましょう。

1 79 ÷ 6 を計算しましょう。

①7の中に6は □ つあるので、これを □ の上に書き、計算します。

```
  □
6)79
```
⇒
```
  1
6)79
  □
 ──
  □
```

②19の中に6は □ つあるので、これを □ の上に書き、計算します。

```
  1 □
6)79
  6
 ──
 19
```
⇒
```
  1 3
6)79
  6
 ──
 19
  □
 ──
  □
```

このとき最後にのこった1は
あまりになるよ！

79 ÷ 6 = □ あまり □ です。

10

2 428 ÷ 4 を計算しましょう。

① 4 の中に 4 は ☐ つあるので、これを ☐ の上に書いて計算します。

4 ⟌ 4 2 8   ⟹   1
                   4 ⟌ 4 2 8

② 2 の中に 4 はないので、2 の上に ☐ を書き、一の位の 8 を下ろします。

1 0
4 ⟌ 4 2 8
    4
    2 ☐

商が立たない位には 0 を
書くんだね！

③ 28 の中に 4 は ☐ つあるので、これを ☐ の上に書いて計算します。

1 0 ☐
4 ⟌ 4 2 8
    4
    2 8

⟹

1 0 7
4 ⟌ 4 2 8
    4
    2 8

428 ÷ 4 = ☐ です。

つまずきをなくす説明

じゃあ次は 329 ÷ 6 を筆算してみよう。

$$6\overline{)329}$$

さっきと同じようにすると……、
あれ？　3 の中に 6 はないよ……。

そういうときは、もう 1 けた多くみて、32
の中に 6 はいくつあるか考えるといいよ。

6 × 5 = 30、6 × 6 = 36 だから 5 つだ！

そうだね。「32 の中に」とみたから、
この 5 は 2 の上に書こう！…①

①
$$5\overline{)}$$ ← ここに
5 を
書くよ

$$6\overline{)329}$$

6 × 5 = 30 の 30 を 32 の下に書いて、
32 − 30 = 2 の 2 をその下に書くんだね。…②

②

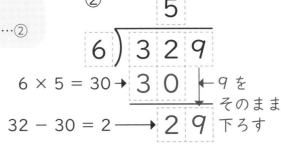

6 × 5 = 30 → 30　　9 を
そのまま
32 − 30 = 2 → 2 9　下ろす

ここから後は前と同じように
計算できるよ！…③

③

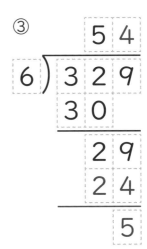

329 ÷ 6 を計算しましょう。

3 の中に 6 はありません。このような場合はもう 1 けた多くみて、32 の中に 6 が

いくつあるかと考えます。

32 ÷ 6 ＝ 5 あまり 2 より、32 の中に 6 は 5 つあるので、これを 32 の 2 の上に

書き、下のように計算します。

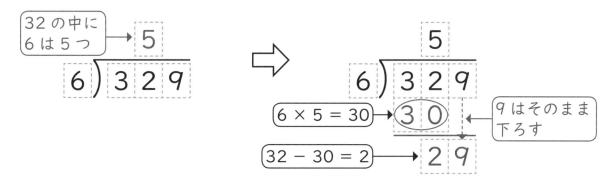

次に 29 の中に 6 は 29 ÷ 6 ＝ 4 あまり 5 より、4 つあるので、同じように計算し

ます。

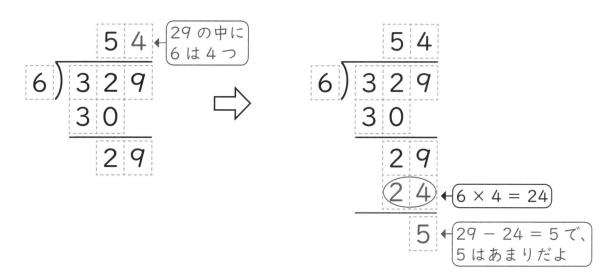

329 ÷ 6 ＝ 54 あまり 5 です。

の中に、あてはまる数を書きましょう。

3 296 ÷ 8 を計算しましょう。

① 2の中に8はありません。

29の中に8は ☐ つあるので、これを ☐ の上に書いて計算します。

```
    ☐
8 ) 2 9 6
```
⇨
```
      3
8 ) 2 9 6
    ☐ ☐
    ☐ ☐
```

② 56の中に8は ☐ つあるので、これを ☐ の上に書いて計算します。

```
    3 ☐
8 ) 2 9 6
    2 4
    ─────
      5 6
```
⇨
```
    3 7
8 ) 2 9 6
    2 4
    ─────
      5 6
      ☐ ☐
    ─────
      ☐
```

296 ÷ 8 = ☐ です。

1けたどうしでみてわれないときは、
もう1けた多くみよう！

14

4 425 ÷ 7 を計算しましょう。

① 4 の中に 7 はありません。

42 の中に 7 は [　] つあるので、これを [　] の上に書きます。

```
        [　]
   7 ) 4 2 5
```

⇨

```
        6
   7 ) 4 2 5
      [　][　]
        [　]
```

② 5 の中に 7 はないので、5 の上に [　] を書きます。

```
        6 0
   7 ) 4 2 5
        4 2
          5
```

これ以上
計算できないね。

これで一の位まで計算が終わっています。

425 ÷ 7 = [　] あまり [　] です。

商が立たない位には 0 を
書こう。

→答えは別冊 3、4 ページ

次の計算をしましょう。あまりが出る場合はあまりも答えましょう。

(1) 234 ÷ 3

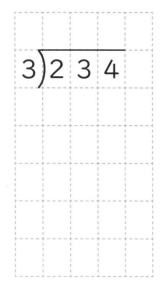

(2) 88 ÷ 6

(3) 433 ÷ 5

(4) 630 ÷ 6

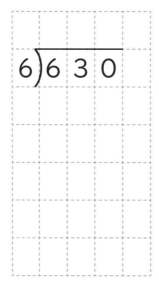

(5) からは自分で筆算を書いてみましょう。

(5) $83 \div 6$

(6) $324 \div 6$

(7) $842 \div 7$

(8) $4845 \div 8$

つまずきをなくす説明

? 先生、80 ÷ 20 はどうやって計算するの？

 80 の中に 20 がいくつあるかな？　次のように 80 は 10 が 8 こ分の数、20 は 10 が 2 こ分の数と考えてみるといいよ。

 4 つあるわ。

 8 ÷ 2 のときとくらべてみるとどうなるかな？

80 ÷ 20

8 ÷ 2

 8 ÷ 2 のときと同じだね。

 わられる数とわる数の 0 を同じ数だけ消しても答えはかわらないよ。

$$80 ÷ 20 = 4$$
$$↓ \quad\quad ↓$$
$$8\cancel{0} ÷ 2\cancel{0} = 4$$

0 を 1 つずつ
消そう！

> 80 ÷ 20 を計算しましょう。

80 を 10 が 8 こ集まった数と考えてみましょう。

⑩　⑩　⑩　⑩　⑩　⑩　⑩　⑩

20 は 10 が 2 こ集まった数なので、80 を 20（⑩⑩）ずつに分けると、次のようになります。

(⑩　⑩)(⑩　⑩)(⑩　⑩)(⑩　⑩)

80 を 20 ずつに分けると 4 つに分かれたので、80 ÷ 20 = 4 です。

80 ÷ 20 と 8 ÷ 2 をくらべてみましょう。

80 ÷ 20 = 4　　　　(⑩　⑩)(⑩　⑩)(⑩　⑩)(⑩　⑩)

8 ÷ 2 = 4　　　　(①　①)(①　①)(①　①)(①　①)

80 ÷ 20 を⑩ずつのまとまりでみると、これは 8 ÷ 2 と同じになることがわかります。

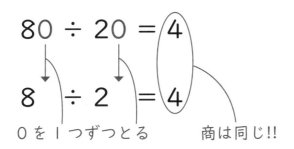

80 ÷ 20 = 4
8 ÷ 2 = 4
0 を 1 つずつとる　　商は同じ!!

わられる数・わる数から
同じこ数だけ 0 をとっても
商はかわらないよ！

たしかめよう

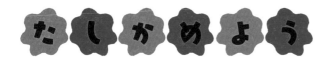

→答えは別冊 4、5ページ

□の中に、あてはまる数を書きましょう。

1 90 ÷ 30 を計算しましょう。

10 ずつのまとまりとみると、

90 は 10 が □ こ、30 は 10 が □ こ集まった数です。

90 ÷ 30

9 ÷ 3

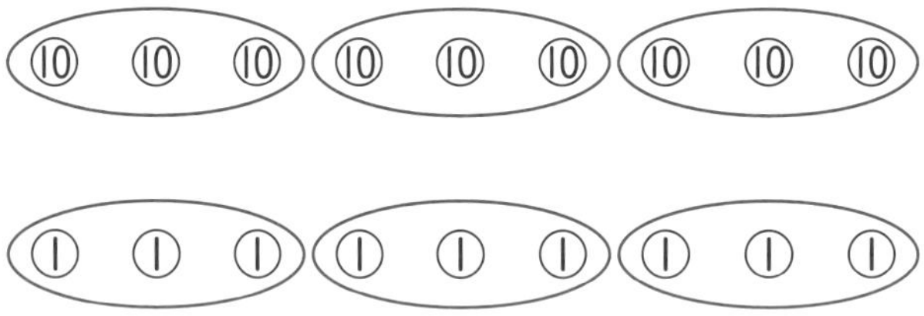

[10]を 1 つのものとしてみると、上の図のように

90 ÷ 30 は □ ÷ □ と同じになります。

このことから、90 ÷ 30 = □ となります。

これは、わられる数とわる数の両方から 0 を □ つずつとって計算している

と考えることができます。

90 ÷ 30 = □

0 を □ つとる… ↓ ↓ …0 を □ つとる

9 ÷ 3 = □

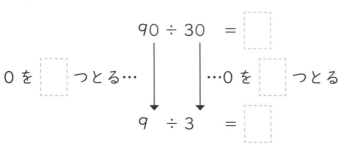

2 240 ÷ 40 を計算しましょう。

わられる数、わる数の両方から □ を □ つずつとって考えると、

これは □ ÷ □ と同じことになります。240 ÷ 40 = □ です。

3 600 ÷ 200 を計算しましょう。

100 ずつのまとまりとみると、

600 は 100 が □ こ、200 は 100 が □ こ集まった数です。

600 ÷ 200

6　÷ 2

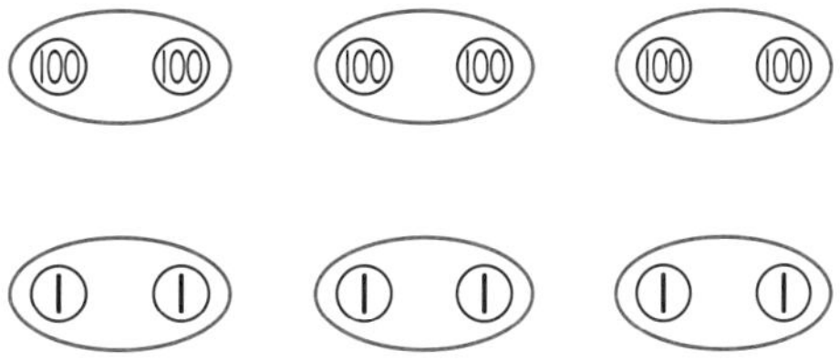

[100]を 1 つのものとしてみると、上の図のように

600 ÷ 200 は □ ÷ □ と同じになります。

このことから、600 ÷ 200 = □ となります。

これは、わられる数とわる数の両方から 0 を □ つずつとって計算している

と考えることができます。

600 ÷ 200　= □

0 を □ つとる…　↓　↓　…0 を □ つとる

6　÷ 2　= □

4 3200 ÷ 800 を計算しましょう。

わられる数、わる数の両方から □ を 2 つずつとって考えると、

これは □ ÷ □ と同じことになります。

3200 ÷ 800 = □ です。

つまずきをなくす説明（せつめい）

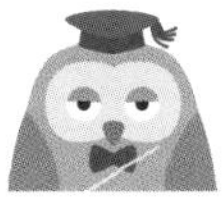

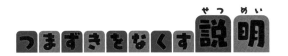

じゃあ次はあまりが出る場合だよ。90 ÷ 40 を計算するとどうなるかな？

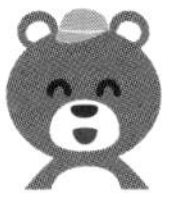

かんたん！　さっきと同じように 0 を 1 つずつ消して 9 ÷ 4 にするんでしょ！
90 ÷ 40 ＝ 9 ÷ 4 ＝ 2 あまり 1 だね！

あれ？　本当かな？　下の図を見てごらん。

90 ÷ 40	⑩ ⑩ ⑩ ⑩	⑩ ⑩ ⑩ ⑩	⑩
9 ÷ 4	① ① ① ①	① ① ① ①	①

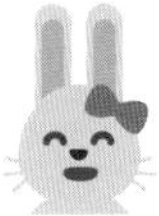

あっ！　あまりが 1 じゃなくて 10 になっているわ！

9 ÷ 4 のときとくらべると、あまったのは⑩が 1 つということなんだよ。

90 ÷ 40 ＝ 2 あまり 10　あまりが出るときは消した 0 を元にもどそう！

9 ÷ 4 ＝ 2 あまり 1

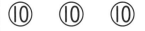

例題 2

→答えは別冊 5 ページ

90 ÷ 40 を計算し、あまりも出しましょう。

[例題1] と同じように、10 ずつのまとまりとみて考え、9 ÷ 4 とくらべてみましょう。

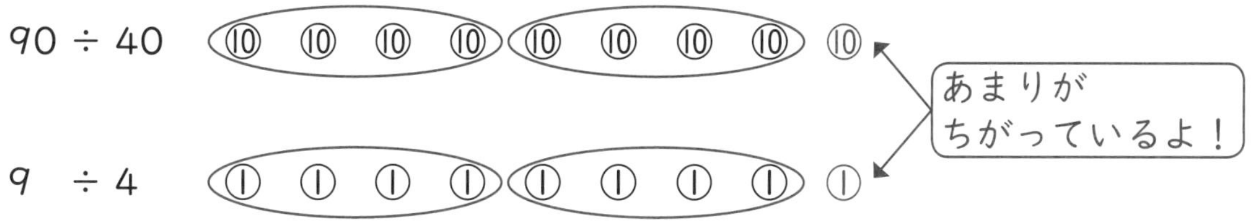

9 ÷ 4 ＝ 2 あまり 1 なので、90 を 40 ずつに分けると 40（⑩⑩⑩⑩）が 2 組できますが、あまりの 1 は「⑩が 1 こ」という意味です。

なので、90 ÷ 40 ＝ 2 あまり 10 となります。

このことから、わられる数とわる数から同じこ数だけ 0 をとっても商はかわりませんが、あまりにはとった 0 をもう一度つければよいことがわかります。

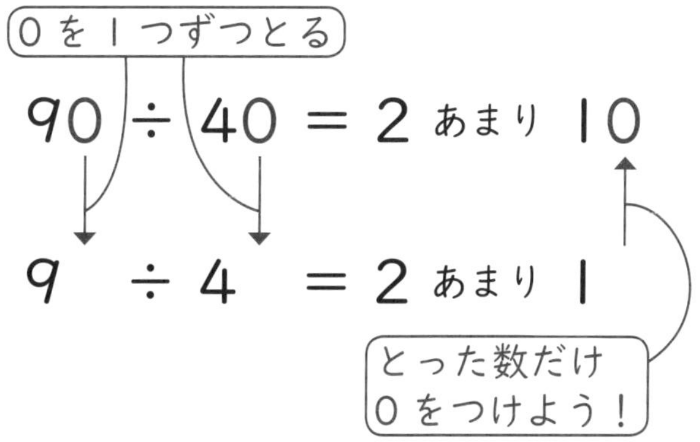

→答えは別冊 5、6 ページ

の中に、あてはまる数を書きましょう。

5 70 ÷ 30 を計算し、あまりも出しましょう。

10 ずつのまとまりとみると、

70 は 10 が ☐ こ、30 は 10 が ☐ こ集まった数です。

7 ÷ 3 = ☐ あまり ☐ より、

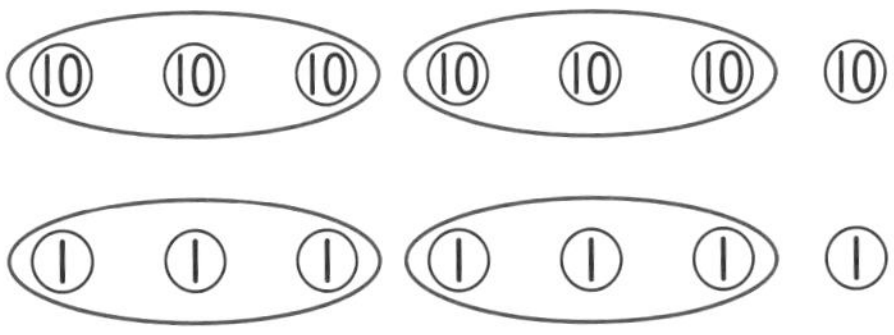

70 を 30 ずつに分けると、

30（⑩⑩⑩）が ☐ つできます。

あまりの 1 は ☐ が 1 つあることを意味するので、

70 ÷ 30 = ☐ あまり ☐ です。 0 を ☐ つずつとる

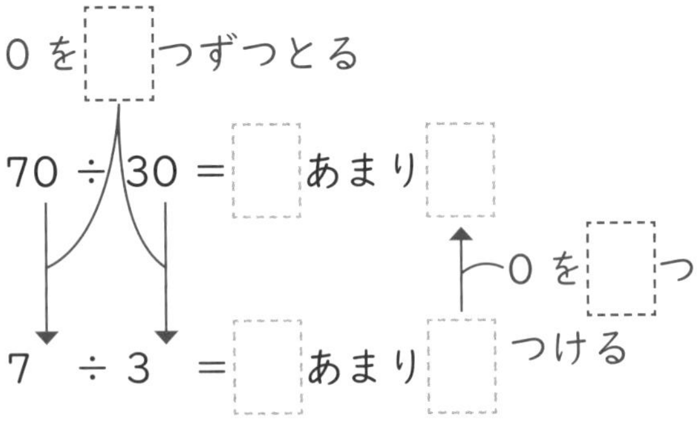

70 ÷ 30 は 0 を ☐ つずつとった

7 ÷ 3 とくらべると、
商の 2 はそのままですが、

あまりの 1 にはとった ☐ を

ふたたびつけています。

70 ÷ 30 = ☐ あまり ☐

7 ÷ 3 = ☐ あまり ☐

0 を ☐ つ
つける

6 230 ÷ 50 を計算し、あまりも出しましょう。

☐ を ☐ つずつとって計算すると ☐ ÷ ☐ = ☐ あまり ☐ 。

あまりにはとった 0 をもう 1 度つけるので、

230 ÷ 50 = ☐ あまり ☐ になります。

7 800 ÷ 300 を計算し、あまりも出しましょう。

100 ずつのまとまりとみると、

800 は 100 が 　　 こ、300 は 100 が 　　 こ集まった数です。

8 ÷ 3 = 　　 あまり 　　 より、

800 を 300 ずつに分けると、

300 が 　　 つできます。

あまりの 2 は 　　　　 が 2 つあることを意味するので、

800 ÷ 300 = 　　 あまり 　　　 です。

800 ÷ 300 は 0 を 　　 つずつとった

8 ÷ 3 とくらべると、
商の 2 はそのままですが、

あまりの 2 にはとった 　　 を
ふたたびつけています。

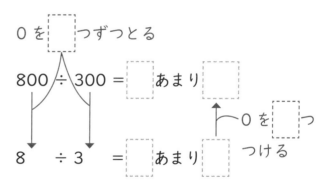

8 1900 ÷ 600 を計算し、あまりも出しましょう。

　　 を 2 つずつとって計算すると

　　　 ÷ 　　 = 　　 あまり 　　 です。

あまりにはとった 0 をもう 1 度つけるので、

1900 ÷ 600 = 　　 あまり 　　　 になります。

→答えは別冊6ページ

次の計算をしましょう。あまりが出る場合はあまりも出しましょう。

(1) 120 ÷ 30 = _____

(2) 270 ÷ 90 = _____

(3) 340 ÷ 80 = _____

(4) 450 ÷ 50 = _____

(5) 640 ÷ 70 = _____

あまりにはとった 0 をもう 1 度つけましょう。

(6) 600 ÷ 300 = _____

(7) 1300 ÷ 600 = _____

(8) 4200 ÷ 700 = _____

(9) 5000 ÷ 600 = _____

★(10) 8000 ÷ 400 = _____

(10)は 0 を 2 つとると、
4 ページと同じ計算になるよ！

わり算の筆算② （÷2けた）

関連ページ 「つまずきをなくす小4算数計算【改訂版】」62〜77ページ

つまずきをなくす説明

?　先生、806÷31は筆算でどうやって
計算するの？

2けたの数でわるときは、上から2
けたどうしにして考えよう。
80の中に31はいくつあるかな？

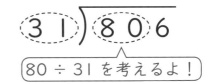

$$31\overline{)806}$$

80÷31を考えるよ！

うーん……。

80と31の上の位の数8と3に
注目するといくつありそうか
予想できるよ！

②← ここに
書くよ

$$31\overline{)806}$$

6を
そのまま
下ろす

8の中に3は2こあるから、
80の中に31は2こ
ありそうだわ！

$31 \times 2 = 62 \rightarrow$　6 2

$80 - 62 = 18 \rightarrow$　1 8 6

その2を80の0の上に書いて
計算してみよう！

186の中に31はいくつあるかな？
今度は18と3に注目だよ！

18の中に3は6こあるから、
186の中に31は6こありそう。

2 6

$$31\overline{)806}$$
6 2

そうだね。6を806の6の上に
書いて計算しよう。

1 8 6

$31 \times 6 = 186 \rightarrow$ 1 8 6

$186 - 186 = 0 \longrightarrow$ 0

806 ÷ 31 を計算しましょう。

まず 80 の中に 31 がいくつあるか考えます。

このようなときは、上の位どうしをみて、8 の中に 3 はいくつあるかを考えて予想をつけます。

8 ÷ 3 = 2 あまり 2 より、8 の中に 3 は 2 こありそうです。

この 2 を 806 の 0 の上に書いて、1 けたでわったときと同じ手順で計算します。

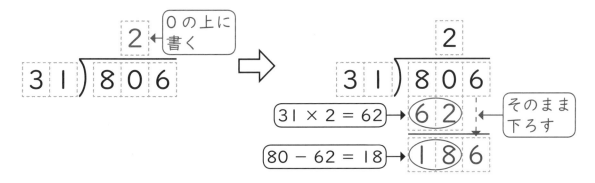

次に 186 の中に 31 がいくつあるか考えます。

今度は 18 の中に 3 がいくつあるかを考えて予想すると、18 ÷ 3 = 6 より、6 こありそうです。

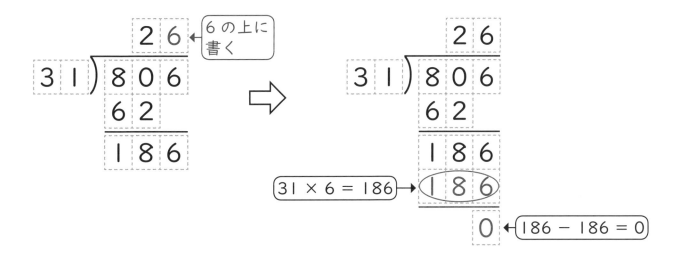

806 ÷ 31 = 26 です。

→答えは別冊6ページ

⬚ の中に、あてはまる数を書きましょう。

1 2141 ÷ 61 を計算しましょう。

①2けたでわるので、2けたどうしで考えたいですが、21の中に61はありません。こういうときはもう1けた多くみて、214の中に61がいくつあるかで考えます。

214の中に61がいくつあるかを考えると、21の中に6が ⬚ こあることから予想ができます。この数字を ⬚ の上に書いて計算します。

```
    ⬚
61)2141
```
⇒
```
      3
61)2141
  ⬚⬚
  ⬚⬚
```

②次に311の中に61がいくつあるかを考えると、31の中に6が ⬚ こあることから予想し、この数字を ⬚ の上に書いて計算します。

```
     3⬚
61)2141
   183
    311
   ⬚⬚
   ⬚
```

最後にのこった数はあまりだよ

2141 ÷ 61 = ⬚ あまり ⬚ です。

2 2170 ÷ 46 を計算しましょう。

① 21 の中に 46 はないので、217 の中に 46 がいくつあるか考えます。

21 の中に 4 は [ ] こあるので、217 の中にも 46 は 5 こありそうです。

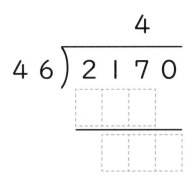

あれ？
217 から 230 は
ひけないぞ??

予想が外れて大きくなってしまったときには、商を 1 だけ小さくしてもう 1 度
やってみましょう。

```
        4
46 ) 2170
```

5 だと大きすぎたから
1 小さい 4 にして
計算するんだね！

② 330 の中に 46 がいくつあるか、同じように
　 考えて計算してみましょう。

```
          4
46 ) 2170
     184
      330
```

2170 ÷ 46 = [ ] あまり [ ] です。

やってみよう

→答えは別冊 7 ページ

次の計算をしましょう。あまりが出る場合はあまりも出しましょう。

(1) 288 ÷ 12

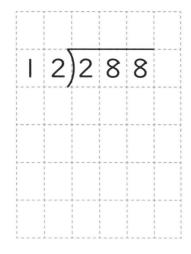

(2) 610 ÷ 43

(3) 1716 ÷ 52

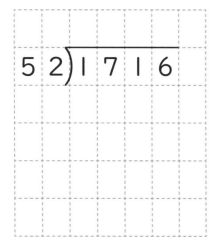

(4) 1380 ÷ 76

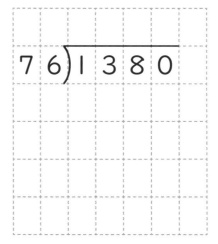

(5) からは筆算を自分で書いてみましょう。

(5) $873 \div 38$

(6) $2668 \div 46$

(7) $923 \div 29$

★**(8)** $3726 \div 18$

(8)はどこの上に数字を
書くのか気をつけてね！

小数のしくみ

関連ページ 「つまずきをなくす小4算数計算【改訂版】」 80〜87 ページ

つまずきをなくす説明

小数を 10 倍するとどうなるか考えてみよう。
2.4 という数はどういうことを表しているかな？

1 が 2 つと、0.1 が 4 つ集まった数。

正かい！　じゃあ、2.4 を 10 倍するとどんな数になるかな？

1 が 10 こあると 10、0.1 が 10 こあると 1 になるから……
10 が 2 つと 1 が 4 つ集まった数で 24 だ！

よくできたね。じゃあ次は 2.4 を $\frac{1}{10}$ にしてみよう。

1 の $\frac{1}{10}$ は 0.1、0.1 の $\frac{1}{10}$ は 0.01 になるね。
ということは、0.1 が 2 つと 0.01 が 4 つで 0.24 だね。

2.4 の 10 倍は □ 、2.4 の $\frac{1}{10}$ は □ です。

2.4 は、1 が 2 つと 0.1 が 4 つ集まった数です。

1 の 10 倍は 10、0.1 の 10 倍は 1 なので、2.4 の 10 倍は、10 が 2 つと 1 が 4 つ

集まった数の 24 になります。

これをそれぞれの位に書くと右のように

なるので、ある数を 10 倍すると、小数点が

右に 1 つずれることがわかります。

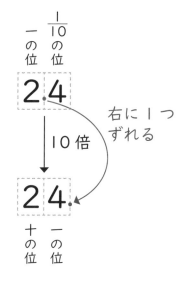

また、1 の $\frac{1}{10}$ は 0.1、0.1 の $\frac{1}{10}$ は 0.01 なので、2.4 の $\frac{1}{10}$ は 0.1 が 2 つと 0.01

が 4 つ集まった数の 0.24 になります。

これをそれぞれの位に書くと右のように

なるので、ある数を $\frac{1}{10}$ にすると、小数点が

左に 1 つずれることがわかります。

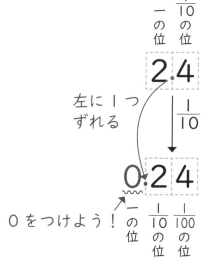

10 倍や $\frac{1}{10}$ にした数は
小数点のいどうでもとめられるんだね！

　　　　　の中に、あてはまる数を書き、また正しい方を丸でかこみましょう。

1 3.71 を 100 倍するといくつになるか考えましょう。

3.71 は 　　　 を 3 こ、　　　　 を 7 こ、　　　　 を 1 こ

集めた数です。これを 100 倍すると、

　　　　　 を 3 こ、　　　　 を 7 こ、　　 を 1 こ

集めた数になります。

よって、3.71 の 100 倍は 　　　　 です。

これをそれぞれの位（くらい）に書くと右のようになります。
このことから、ある数を 100 倍するときには

小数点を 　左・右　 に 　　　 つずらせばよいことが

わかります。

$\frac{1}{10}$ の位　$\frac{1}{100}$ の位
一の位

3.71

100 倍　　右に 2 つ
ずれる

371.

百の位　十の位　一の位

2 2.84 の 10 倍、100 倍はそれぞれいくつになるか考えましょう。

10 倍するには小数点を 　左・右　 に 　　　 つずらせばよいので、

2.84 の 10 倍は 　　　　 です。

また 100 倍するには小数点を 　左・右　 に 　　　 つずらせばよいので、

2.84 の 100 倍は 　　　　 です。

3 42.6 の $\frac{1}{100}$ はいくつになるか考えましょう。

42.6 は ［　　　　］ を 4 こ、［　　　］ を 2 こ、［　　　　　　］ を 6 こ

集めた数です。これの $\frac{1}{100}$ は、

［　　　　　　］ を 4 こ、［　　　　　］ を 2 こ、［　　　　　　　］ を 6 こ

集めた数になります。

よって、42.6 の $\frac{1}{100}$ は ［　　　　　　　　］ です。

これをそれぞれの位(くらい)に書くと右のようになります。

このことから、ある数を $\frac{1}{100}$ にするときには

小数点を ［ 左・右 ］ に ［　　　］ つずらせばよいことが

わかります。

$$\frac{1}{10}$$
十 一 の
の の 位
位 位

4 2.6

左に 2 つ
ずれる ｜ $\frac{1}{100}$

0 を→ **0.4 2 6**
つける 一 $\frac{1}{10}$ $\frac{1}{100}$ $\frac{1}{1000}$
の の の の
位 位 位 位

4 31.5 の $\frac{1}{10}$、$\frac{1}{100}$ はそれぞれいくつになるか考えましょう。

$\frac{1}{10}$ にするには小数点を ［ 左・右 ］ に ［　　　］ つずらせばよいので、

31.5 の $\frac{1}{10}$ は ［　　　　　］ です。

また $\frac{1}{100}$ にするには小数点を ［ 左・右 ］ に ［　　　］ つずらせばよいので、

31.5 の $\frac{1}{100}$ は ［　　　　　　］ です。

つまずきをなくす説明

これまでいろいろな単位を勉強したね。
ちゃんとおぼえているかな？

重さの単位だけでも4しゅるいもあるぞ……。
先生、どうして？

とてもいいしつ問だね！　じゃあ「クマくんの体重は60kgです」と
「クマくんの体重は60000gです」のどちらがわかりやすいかな？

60kg！　そうか！
ぱっとわかりやすくするためなんだね！

単位について勉強するときは、どういうものについて
説明するときによく使われるかを知っておくといいよ！

長さの単位

mm（ミリメートル）　　cm（センチメートル）　　m（メートル）　　km（キロメートル）

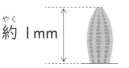
約1mm

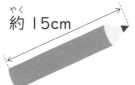
約15cm

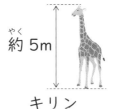
約5m

モンシロチョウの
タマゴ　　　　　　えんぴつ　　　　　　キリン　　　　マラソン　約42km

重さの単位

mg（ミリグラム）　　g（グラム）　　kg（キログラム）　　t（トン）

約60g

つぶの薬に入って
いる薬品の重さ　　たまご　　　みんなの体重　　トラックの荷物の
　　　　　　　　　　　　　　　　　　　　　　　　　重さ

かさの単位

mL（ミリリットル）　　dL（デシリットル）　　L（リットル）　　kL（キロリットル）

ペット
ボトル㊙
500mL

ペット
ボトル㊙
5dL

ペット
ボトル㊛
2L

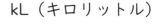
学校のプールの水
約400kL

長さや重さ、かさの単位の間には次のような関係があります。

○長さ

1km = 1000m
1m = 100cm
1cm = 10mm

○重さ

1t = 1000kg
1kg = 1000g
1g = 1000mg

○かさ

1kL = 1000L
1L = 10dL
1dL = 100mL

1km = 1000m ということは、右のように m の3つ上に
km があると考えることができます。

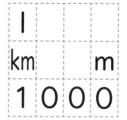

このように上に出てきた単位の関係を表にまとめると、次のようになります。

長さ			km		m		cm	mm
重さ	t		kg		g			mg
かさ			kL		L	dL		mL

あ、k と m がたてに
そろっているわ！！

上の表から、

　　単位の前に k（キロ）がつくと、もとの大きさの 1000 倍

　　　　　　 m（ミリ）がつくと、もとの大きさの $\frac{1}{1000}$

になることがわかります。

上の表は、単位をかえ
るときに役に立つよ。

```
        1000倍          1
                      ────
                      1000
1km ←─────── 1m ───────→ 1mm
1kg ←─────── 1g ───────→ 1mg
1kL ←─────── 1L ───────→ 1mL
```

→答えは別冊8ページ

☐ の中に、あてはまる数を書きましょう。

5 3200g は何 kg になるか考えましょう。

3200g ＝ 3000g ＋ 200g と分けて考えます。

まず、1kg ＝ ☐ g なので、3000g ＝ ☐ kg です。

次に、100g は 1kg の 10 分の 1 だから、100g ＝ ☐ kg となるので、

200g ＝ ☐ kg です。

このことから、3200g ＝ ☐ kg になります。

 右のように、39 ページの表の単位を 入れて書いてみるとわかりやすいよ！

3	2	0	0
kg			g
3.2			

6 38dL は何 L になるか考えましょう。

1L ＝ ☐ dL なので、位をそろえて書くと

右のようになります。

このことから、38dL ＝ ☐ L です。

3	8
L	dL
3.8	

7 4km50m は何 km になるか考えましょう。

1km ＝ ☐ m なので、位をそろえて書くと

右のようになります。

このことから、4km50m ＝ ☐ km です。

4		5	0
km			m
4.0	5	0	

↑
0 を入れよう！

8 2.7m は何 cm になるか考えましょう。

2.7m = 2m + 0.7m と分けて考えます。

1m = [　　　] cm なので、2m = [　　　] cm です。

また、0.1m は 1m の 10 分の 1 だから、0.1m = [　　　] cm となるので、

0.7m = [　　　] cm です。

このことから、2.7m = [　　　] cm です。

右のように、39 ページの表の単位を入れて書いてみるとわかりやすいよ！

2.7	
m	cm
2 7 0	

↑
0 を入れよう！

9 4.3t は何 kg になるか考えましょう。

1t = [　　　] kg なので、位をそろえて書くと

右のようになります。

このことから、4.3t = [　　　] kg です。

4.3	
t	kg
4 3 0 0	

10 3.25kL は何 L になるか考えましょう。

1kL = [　　　] L なので、位をそろえて書くと

右のようになります。

このことから、3.25kL = [　　　] L です。

3.2 5	
kL	L
3 2 5 0	

→答えは別冊8ページ

次の ［　　　　　　］ にあてはまる数を答えましょう。

(1) 3.7 の 10 倍は ［　　　　　　　］ です。

(2) 0.48 の 100 倍は ［　　　　　　］ です。

(3) 3.8 の $\frac{1}{10}$ は ［　　　　　　］ です。

(4) 22.6 の $\frac{1}{100}$ は ［　　　　　］ です。

(5) 2.7 の 100 倍は ［　　　　　］ です。

数字のない位には
0を入れよう！

(6) 1.7 の $\frac{1}{100}$ は ［　　　　　］ です。

(7) 840cm = [_____] m

(8) 450mL = [_____] L

(9) 4kg30g = [_____] kg

(10) 3.5cm = [_____] mm

(11) 0.6kL = [_____] L

(12) 25.3g = [_____] mg

小数のたし算・ひき算

関連ページ 「つまずきをなくす小4算数計算【改訂版】」88〜103ページ

つまずきをなくす 説明

4.73 + 2.4 を計算しよう。

できた!! 4.97 でしょ!!

```
   4.7 3
+    2.4
───────
   4.9 7
```

本当かな？ 4と2を合わせると6になるのに、
4.73 と 2.4 を合わせて6より小さくなるかな？

同じ位の数どうしをたさないといけないから
小数点の位置をそろえるのね！

```
   4.7 3
+  2.4 0
───────
   7.1 3
```

0があると
考えよう！

小数のたし算では、小数点の位置を
そろえて計算しよう！

小数点の位置をそろえよう！

今度は、8 − 3.72 を計算しよう。

うーん、8には小数点がないぞ……。

8は 8.00 と考えて、800 − 372 のときと
同じように計算しよう！

```
   7 9 10
   8 0 0
−  3 7 2
───────
   4 2 8
```

⇒

```
   7 9 10
   8.0 0
−  3.7 2
───────
   4.2 8
```

8を
1 が 7 こ
0.1 が 9 こ
0.01 が 10 こに分けたよ

小数点の位置をそろえよう！

4.73 + 2.4 を計算しましょう。

小数のたし算・ひき算では同じ位の数どうしでたしたりひいたりするので、小数点の位置をそろえて書きます。

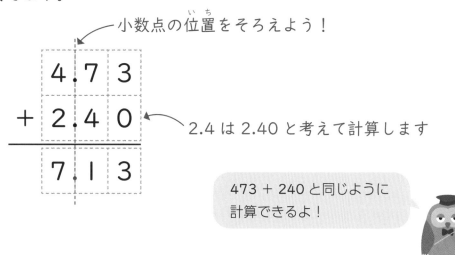

小数点の位置をそろえよう！

2.4 は 2.40 と考えて計算します

473 + 240 と同じように計算できるよ！

例題 2

8 − 3.72 を計算しましょう。

8 は 8.00 と考えて、小数点の位置をそろえましょう。

小数点の位置をそろえよう！

800 − 372 と同じように計算できるね！

→答えは別冊 9 ページ

1 3.82 + 2.5 を計算しましょう。

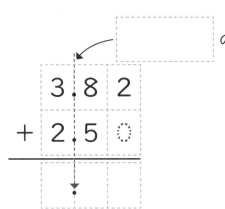

の位置をそろえます

数字が入らないところは
0 があると考えよう！

2 4.67 + 2.53 を計算しましょう。

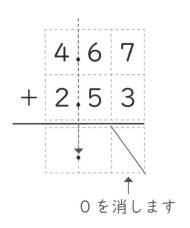

0 を消します

小数点の右がわが 0 で終わる
答えになったら 0 を消そう。

3 6.3 − 5.58 を計算しましょう。

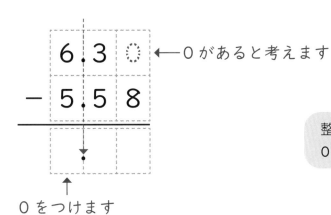

←0があると考えます

整数部分の答えがなくなったら
0をつけよう。

↑
0をつけます

4 8.28 − 2.8 を計算しましょう。

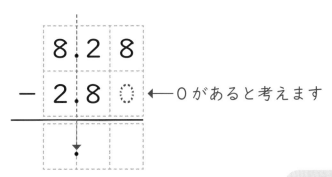

←0があると考えます

小数のたし算・ひき算は
小数点の位置をそろえて書こう！

→答えは別冊9ページ

次の計算を筆算に書いてからしましょう。

(1) 4.56 + 1.82

(2) 7.37 − 2.68

(3) 5.7 + 3.32

(4) 8.34 − 4.9

小数のたし算・ひき算の筆算は小数点の位置をそろえて書きましょう！

(5) 6.42 + 2.5

(6) 7.1 − 2.71

(7) 3.93 + 0.7

★**(8)** 20 − 0.47

(8)は 20 を 20.00 と
考えるといいよ！

小数のかけ算

関連ページ 「つまずきをなくす小4算数計算【改訂版】」104〜113ページ

つまずきをなくす説明

0.3 × 4 を計算してみよう！

 3 × 4 ならわかるんだけどなぁ……。

0.3 を「0.1 が 3 つ」と考えてごらん。

0.1	0.1	0.1	0.1
0.1	0.1	0.1	0.1
0.1	0.1	0.1	0.1

↑
0.1 が 3 つ

 0.1 が 3 つ入ったかたまりが 4 つあるから 0.1 は全部で 3 × 4 = 12 こ。
0.1 が 12 こだと 1.2 だから 0.3 × 4 = 1.2 だね。

その通り。じゃあ下の計算を見て何か気づくことはないかな？

3 × 4 = 12	3 × 4 = 12
30 × 4 = 120	0.3 × 4 = 1.2
300 × 4 = 1200	0.03 × 4 = 0.12

 左がわでは、かけられる数を 10 倍、100 倍すると、答えも 10 倍、100 倍になっているね。

 右がわでは、かけられる数を $\frac{1}{10}$、$\frac{1}{100}$ にすると、答えも $\frac{1}{10}$、$\frac{1}{100}$ になっているわ。

→答えは別冊 10 ページ

例題 1

0.3 × 4 を暗算で計算しましょう。

0.3 は 0.1 が 3 こ集まった数なので、0.3 × 4 は 0.1 が 3 × 4 = 12 こ集まった数になります。このことから 0.3 × 4 = 1.2 です。

3 × 4 の場合とくらべてみると、かけられる数が $\frac{1}{10}$ になったので、答えも $\frac{1}{10}$ になっています。

$$3 \times 4 = 12$$
$$\scriptstyle\frac{1}{10} \qquad\qquad\qquad \frac{1}{10}$$
$$0.3 \times 4 = 1.2$$

ある数を $\frac{1}{10}$ にすることは小数点を左に 1 つずらすことと同じだったので、答えはかけられる数と同じだけ小数点を動かすともとめられるということができます。

$$3 \times 4 = 12$$
左に 1 つ ずらす （ ） 左に 1 つ ずらす
$$0.3 \times 4 = 1.2$$

300 × 4 を計算するときには 3 × 4 = 12 の答えに 0 を 2 つつけて 1200 とすればよかったですが、これも小数点を右に 2 つ動かしていると考えることができます。

右に 2 つ ずらす
$$3 \times 4 = 12$$
右に 2 つ ずらす
$$300 \times 4 = 1200$$

かける数が同じなら、答えはかけられる数と同じだけ小数点を動かせばいいんだね。

→答えは別冊 10ページ

の中に、あてはまる数を書き、また正しい方を丸でかこみましょう。

1 0.06 × 8 を暗算で計算しましょう。

0.06 は 6 の 【　　】 なので、6 × 8 の答えを 【　　】 にすると答えが出ます。

$$6 \times 8 = \boxed{}$$

$$0.06 \times 8 = \boxed{}$$

$\dfrac{1}{100}$ にすることは小数点を 【 左・右 】 に 【　】 つ動かすことと同じなので、

6 × 8 の答え 48 の小数点を 【 左・右 】 に 【　】 つ動かすともとめることができます。

2 0.7 × 6 を暗算で計算しましょう。

0.7 は 7 の小数点を 【 左・右 】 に 【　　】 つ動かしたものなので、

0.7 × 6 は 7 × 6 の答え 【　　】 の小数点を

同じように動かせばもとめられます。

このことから 0.7 × 6 = 【　　】 です。

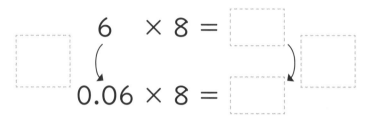

7 × 6 = 42
左に 1 つずらす
0.7 × 6 = 4.2
左に 1 つずらす

3 0.8 × 5 を暗算で計算しましょう。

0.8 は 8 の小数点を ┆ 左・右 ┆ に ┆　　┆ つ動かしたものなので、

0.8 × 5 は 8 × 5 の答え ┆　　┆ の小数点を

同じように動かせばもとめられます。

0.8 × 5 = ┆　　┆ です。

$$8 \times 5 = 40$$

左に1つ
ずらす

左に1つ
ずらす

$$0.8 \times 5 = 4.\cancel{0}$$

0を消す

小数点より右にある最後（さいご）
の0は消そう。

4 0.05 × 4 を暗算で計算しましょう。

0.05 は 5 の小数点を ┆ 左・右 ┆ に ┆　　┆ つ動かしたものなので、

0.05 × 4 は 5 × 4 の答え ┆　　┆ の小数点を

同じように動かせばもとめられます。

0.05 × 4 = ┆　　┆ です。

左に
2つ
ずらす

$$5 \times 4 = 20$$

左に
2つ
ずらす

$$0.05 \times 4 = 0.2\cancel{0}$$

↑　　　　↑
0をつける　0を
消す

5 0.003 × 7 を暗算で計算しましょう。

0.003 は 3 の小数点を ┆ 左・右 ┆ に ┆　　┆ つ動かしたものなので、

0.003 × 7 は 3 × 7 の答え ┆　　┆ の小数点を

同じように動かせばもとめられます。

$$3 \times 7 = 21$$

左に
3つ

左に
3つ

0.003 × 7 = ┆　　┆ です。

$$0.003 \times 7 = 0.021$$

0をつける

つまずきをなくす説明

じゃあ今度は 3.82 × 16 を筆算で計算してみよう。

えっと、小数の計算は小数点を
そろえるんだったから……。
できた、6112 だ！

```
   3.8 2
 × 1 6
───────
 2 2 9 2
 3 8 2
───────
 6 1 1 2
```

本当かな？　382 × 16 ＝ 6112 なのに、
それと同じになっていいのかな？

382 × 16 と 3.82 × 16 をくらべるとど
うなるんだったかな？

6112 の小数点を 2 つ左にずらして、
答えは 61.12 です。

左に
2つ
ずらす　　382 × 16 ＝ 6112　左に2つずらす

3.82 × 16 ＝ 61.12

その通りだね。そうするためには
数字の右はしをそろえて書いて計算し、
かけられる数と同じ位置に小数点をつける
といいよ。

かけ算のときはたし算やひき算と
書き方がちがうんだね！

```
   3.8 2  ← 右はしを
 × 1 6      そろえる
───────
 2 2 9 2
 3 8 2
───────
 6 1.1 2
```

小数点は 3.82 と
同じ位置につける

3.82 × 16 を筆算で計算しましょう。

3.82 は 382 の小数点を 2 つ左にず
らしたものなので、3.82 × 16 の答
えは 382 × 16 の答えの小数点を左
に 2 つずらしたものと同じです。

$$382 × 16 = 6112$$
左に 2 つ
ずらす　　　　　　　　　　　　　　　左に 2 つ
ずらす
$$3.82 × 16 = 61.12$$

筆算で計算するときには次のように 382 × 16 と同じように右はしをそろえて書い
て計算し、最後に小数点をかけられる数と同じ位置につけます。

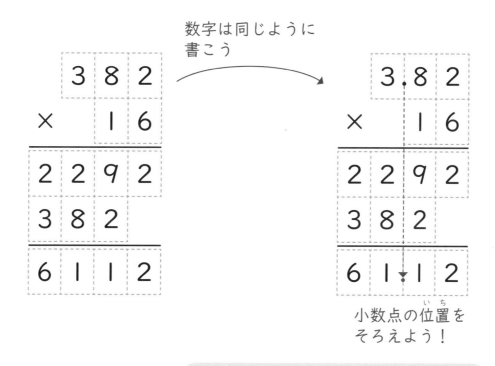

数字は同じように
書こう

小数点の位置を
そろえよう！

たし算・ひき算のときと、かけ算のときでは
筆算の書き方がちがうことに注意しよう。

6 23.4 × 7 を筆算で計算しましょう。

234 × 7 と同じように筆算を書いて計算し、答えにはかけられる数と同じ位置に小数点をつけます。

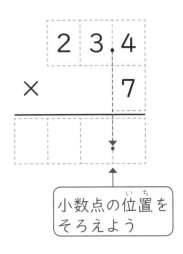

小数点の位置をそろえよう

234 × 7 と同じように計算できるね！

7 5.83 × 68 を筆算で計算しましょう。

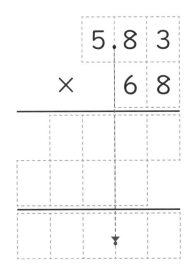

583 × 68 と計算のしかたは同じだよ

8 1.28 × 45 を筆算で計算しましょう。

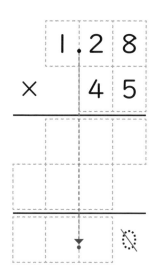

小数点より右がわにある
最後の 0 は消そう。

9 3.75 × 24 を筆算で計算しましょう。

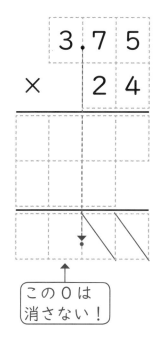

この 0 は
消さない！

小数点の左がわの 0 は
消さないでね！

CHAPTER1　計算問題　小数のかけ算　**57**

→答えは別冊 11 ページ

1 次の計算を暗算でしましょう。

(1) 0.7 × 8 ＝

(2) 0.04 × 9 ＝

(3) 0.02 × 4 ＝

(4) 0.6 × 5 ＝

(5) 0.05 × 8 ＝

2 次の計算を筆算に書いてからしましょう。

(1) 3.68 × 4

(2) 13.2 × 5

(3) 4.32 × 23

(4) 6.75 × 24

小数のわり算

関連ページ 「つまずきをなくす小4算数計算【改訂版】」114〜131 ページ

つまずきをなくす説明

 ？ 先生、小数のわり算はどうやって計算するの？

 じゃあ 2.4 ÷ 6 の場合を考えてみよう。次の 2 つの式を見て何か気づいたことはあるかな？

$$240 \div 6 = 40$$

$$24 \div 6 = 4$$

 わられる数が $\frac{1}{10}$ になると答えも $\frac{1}{10}$ になっているわ。

 そうだね。では同じように考えると 2.4 ÷ 6 の答えはどうなるかな？

 2.4 は 24 の $\frac{1}{10}$ だから、2.4 ÷ 6 の答えは 24 ÷ 6 の答えの $\frac{1}{10}$ になるわ。

$$24 \div 6 = 4$$
$$\frac{1}{10} \Big(\qquad \Big) \frac{1}{10}$$
$$2.4 \div 6 = 0.4$$

 答えは 4 の $\frac{1}{10}$ で 0.4。

 よくできました。
わられる数が $\frac{1}{10}$ になると、わり算の答えも $\frac{1}{10}$ になるよ。

2.4 ÷ 6 を暗算で計算しましょう。

かけ算ではかけられる数を $\frac{1}{10}$、$\frac{1}{100}$ …にすると答えも $\frac{1}{10}$、$\frac{1}{100}$、…となりましたが、わり算でも同じようにわられる数を $\frac{1}{10}$、$\frac{1}{100}$ …にすると答えも $\frac{1}{10}$、$\frac{1}{100}$、…となります。

$$24 \div 6 = 4$$

$$\frac{1}{10} \Bigg(\qquad\qquad\qquad \Bigg) \frac{1}{10}$$

$$2.4 \div 6 = 0.4$$

このことから、2.4 ÷ 6 = 0.4 とわかります。

ところで 35 ページで学習した通り、$\frac{1}{10}$ にすることは小数点を左に 1 つずらすことと同じでした。

$$24 \div 6 = 4$$

小数点を左に 1 つずらす $\Bigg(\qquad\qquad\qquad \Bigg)$ 小数点を左に 1 つずらす

$$2.4 \div 6 = 0.4$$

このことから、わられる数と答えの小数点を同じように動かせばもとめられることがわかります。

> わる数が同じわり算では、わられる数と答えの小数点を
> 同じように動かせばもとめられるよ！

たしかめよう

→答えは別冊 11、12 ページ

　□ の中に、あてはまる数を書き、また正しい方を丸でかこみましょう。

1 3.6 ÷ 9 を計算しましょう。

3.6 は 36 の $\frac{1}{10}$ なので、

3.6 ÷ 9 の答えは 36 ÷ 9 の答え □ を

$\frac{1}{10}$ にしたものと同じです。

$$36 \div 9 = 4$$
$$3.6 \div 9 = \boxed{}$$

このことから 3.6 ÷ 9 = □ とわかります。

このことを小数点の位置で考えてみましょう。

$\frac{1}{10}$ にすることは、小数点を 左・右 に □ つずらすことと同じでした。

3.6 は 36 の小数点を 左・右 に □ つ

ずらしているので、3.6 ÷ 9 の答えは 36 ÷ 9
の答えから同じように小数点を動かして
出すこともできます。

左に
1つ
ずらす
$$36 \div 9 = 4$$
$$3.6 \div 9 = 0.4$$
左に
1つ
ずらす

2 1.8 ÷ 6 を計算しましょう。

1.8 は 18 の小数点を 左・右 に □ つ

ずらしたものです。

18 ÷ 6 = □ なので、1.8 ÷ 6 の答えは

この答えの小数点を同じようにずら

すことで □ とわかります。

左に
1つ
ずらす
$$18 \div 6 = 3$$
$$1.8 \div 6 = \boxed{}$$
左に
1つ
ずらす

3 0.28 ÷ 7 を計算しましょう。

0.28 は 28 の小数点を _____ 左・右 _____ に _____ つ

ずらしたものです。

28 ÷ 7 = _____ なので、0.28 ÷ 7 の答えは

この答えの小数点を同じようにずらすことで

_____ とわかります。

左に
2つ
ずらす

$$28 \div 7 = 4$$

左に
2つ
ずらす

$$0.28 \div 7 = \boxed{}$$

4 0.4 ÷ 8 を計算しましょう。

4 ÷ 8 では計算できないので、40 ÷ 8 から小数点をずらすと考えます。

0.4 は 40 の小数点を _____ 左・右 _____ に _____ つ

ずらしたものです。

40 ÷ 8 = _____ なので、0.4 ÷ 8 の答えは

この答えの小数点を同じようにずらすことで

_____ とわかります。

左に
2つ
ずらす

$$40 \div 8 = 5$$

左に
2つ
ずらす

$$0.4 \div 8 = \boxed{}$$

5 2 ÷ 5 を計算しましょう。

2 は 20 の小数点を _____ 左・右 _____ に _____ つずらしたものです。

20 ÷ 5 = _____ なので、同じように考えて 2 ÷ 5 = _____ となります。

つまずきをなくす説明

小数のわり算の筆算のやり方を教えてよ。

じゃあ 53.2 ÷ 14 を例に考えてみよう。
その前に 532 ÷ 14 は計算できるよね。

```
        3 8
   ┌─────────
14 )  5 3 2
      4 2
    ─────────
      1 1 2
      1 1 2
    ─────────
          0
```

右のように計算して 38 になるわ。

じゃあ例題 1 のときと同じように考えると
53.2 ÷ 14 の答えはいくつになるかな？

53.2 は 532 の小数点を左に 1 つ動かしたので、
答えも 38 の小数点を左に 1 つ動かして 3.8 ね。

$$532 ÷ 14 = 38$$

左に
1つ
ずらす

左に
1つ
ずらす

$$53.2 ÷ 14 = 3.8$$

その通り。ではこれを筆算で表すにはどこに小数点をつければいいかな？

```
        3 8
   ┌─────────
14 )  5 3 2
      4 2
    ─────────
      1 1 2
      1 1 2
    ─────────
          0
```

```
        3.8
   ┌─────────
14 )  5 3.2
      4 2
    ─────────
      1 1 2
      1 1 2
    ─────────
          0
```

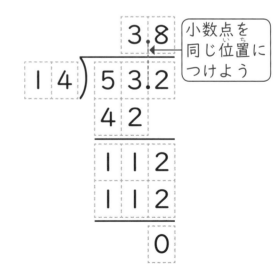

小数点を
同じ位置に
つけよう

わられる数と同じ位置に小数点をつければ 532 ÷ 14 のときと同じように
計算できるんだね！

53.2 ÷ 14 を筆算で計算しましょう。

小数のわり算を筆算するときには、
小数点がない場合と同じように計算して、
わられる数と同じ位置に商の小数点をつけます。
右のように、53.2 ÷ 14 = 3.8 となります。

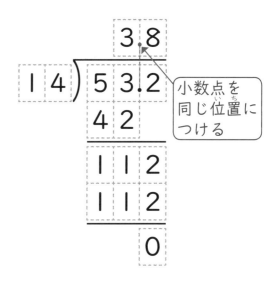

小数点を
同じ位置に
つける

あまりがある場合の小数点
はどうするのかな？

あまりの小数点もわられる数と同じ位置につける
ことで計算することができます。
たとえば 8.36 ÷ 6 について商を小数第二位まで
計算したとき、筆算は右のようになるので、
　8.36 ÷ 6 = 1.39 あまり 0.02　です。

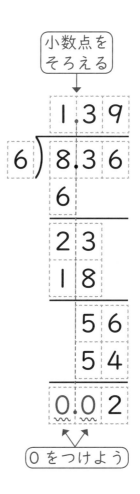

小数点を
そろえる

0 をつけよう

整数でわる計算のときは、
「わられる数」「商」「あまり」の
小数点の位置は同じだよ！

6 55.2 ÷ 23 を筆算で計算しましょう。

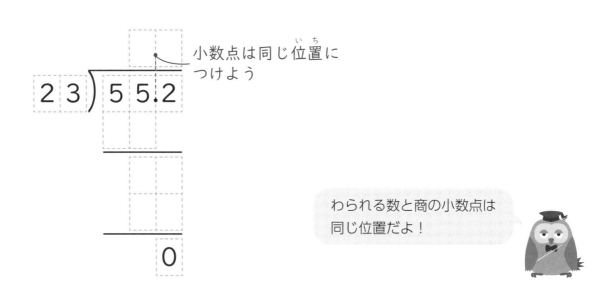

小数点は同じ位置に
つけよう

わられる数と商の小数点は
同じ位置だよ！

7 20.37 ÷ 36 を筆算で計算しましょう。商は小数第二位までもとめ、あまりも
出しましょう。

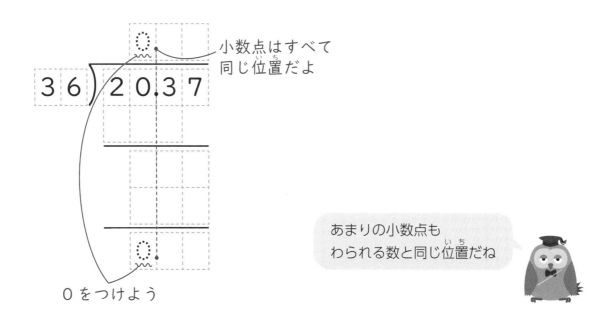

小数点はすべて
同じ位置だよ

0 をつけよう

あまりの小数点も
わられる数と同じ位置だね

8 52 ÷ 16 をわり切れるまで筆算で計算しましょう。

右のように計算すると 52 ÷ 16 ＝ 3 あまり 4 となります
が、これではわり切れていません。

このようなときには、52 を 52.0 や 52.00 のように、わ
り切れるまで 0 をつけて計算していきます。

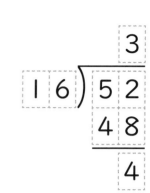

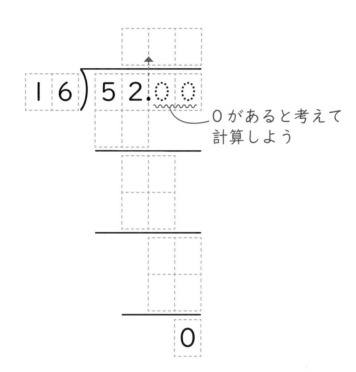

0 があると考えて
計算しよう

9 8.6 ÷ 26 を筆算で計算しましょう。商は小数第二位までもとめ、あまりも出
しましょう。

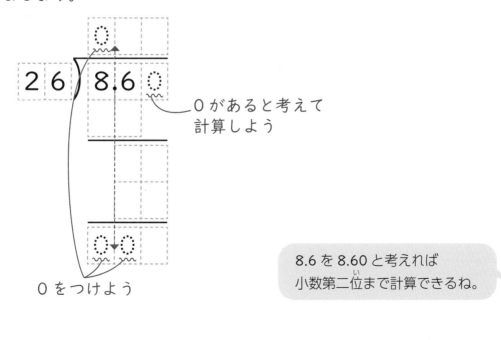

0 があると考えて
計算しよう

0 をつけよう

8.6 を 8.60 と考えれば
小数第二位まで計算できるね。

→答えは別冊 13、14 ページ

1 次のわり算を暗算でしましょう。

(1) $0.21 \div 3 =$

(2) $0.6 \div 3 =$

(3) $1.8 \div 9 =$

(4) $0.3 \div 5 =$

(5) $2 \div 4 =$

2 次のわり算をわり切れるまで計算しましょう。

(1) 3.28 ÷ 8

(2) 7.74 ÷ 6

(3) 7.21 ÷ 7

(4) 12 ÷ 8

3 次のわり算をわり切れるまで計算しましょう。　　→答えは別冊 13、14 ページ

(1) $3.04 \div 19$

(2) $13.72 \div 28$

(3) $5.6 \div 35$

(4) $78 \div 24$

4 次のわり算をしましょう。商は小数第二位までもとめ、あまりも出しましょう。

(1) 3.72 ÷ 7

(2) 8.67 ÷ 6

(3) 4.96 ÷ 27

(4) 12.6 ÷ 37

分数のたし算・ひき算

関連ページ 「つまずきをなくす小4算数計算【改訂版】」134〜149ページ

つまずきをなくす説明

┌─ ①真分数 ─┐
$\frac{2}{3}$、$\frac{4}{7}$ など
分子が分母よりも
小さい分数

┌─ ②仮分数 ─┐
$\frac{5}{3}$、$\frac{4}{4}$ など
分子が分母と同じか
分母より大きい分数

┌─ ③帯分数 ─┐
$2\frac{1}{3}$、$3\frac{1}{5}$ など
整数＋真分数の形で
表された分数

分数には
3しゅるい
あるよ。

$2\frac{1}{3}$ を仮分数に直してみよう。

 $2\frac{1}{3}$ は $2+\frac{1}{3}$ という意味だよね！

 $\frac{1}{3}$ は 1 を 3 つに分けた 1 つ分だから
1 は $\frac{1}{3}$ が 3 つ分で $1=\frac{3}{3}$ ね！

 2 は $\frac{1}{3}$ が $3×2=6$ こ分だ。
だから $2=\frac{6}{3}$ だぞ！

─ $\frac{1}{3}$ が 7 こ分 ─

 $2\frac{1}{3}$ は $\frac{1}{3}$ が $6+1=7$ こ分
なので $2\frac{1}{3}=\frac{7}{3}$ なのね！

次に $\frac{13}{4}$ を帯分数に直してみよう。

$\frac{1}{4}$ が 13 こ分

 $\frac{13}{4}$ は $\frac{1}{4}$ が 13 こ集まった数よね！
$\frac{1}{4}$ が 4 つ集まるたびに $\frac{4}{4}=1$ になるわ。

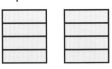

 $13÷4=3$ あまり 1 だから $\frac{13}{4}$ は
1 が 3 つと $\frac{1}{4}$ が 1 つ集まった数だね！
$\frac{13}{4}=3\frac{1}{4}$ だ！

$13=4×3+1$

次の帯分数は仮分数に、仮分数は帯分数に直しましょう。

(1) $2\frac{1}{3}$　　　　　　　　　　　　　　(2) $\frac{13}{4}$

$\frac{2}{3}$ や $\frac{4}{7}$ のように、分子が分母より小さい分数を真分数、

$\frac{5}{3}$ や $\frac{4}{4}$ のように、分子が分母以上の分数を仮分数、

$2\frac{1}{3}$ や $3\frac{3}{5}$ のように、整数と真分数の和で表された分数を帯分数といいます。

(1) $\frac{1}{3}$ が何こあるかを考えます。

$\frac{1}{3}$ は 1 を 3 つに分けた 1 つ分なので、

1 は $\frac{1}{3}$ が 3 こ集まったものです。

ということは、2 は $\frac{1}{3}$ が $3 \times 2 = 6$ こ集まっています。

$2\frac{1}{3}$ の $\frac{1}{3}$（1 こ）を合わせれば、$2\frac{1}{3}$ は $\frac{1}{3}$ が $6 + 1 = 7$ こ

集まった数なので、仮分数にすると $\frac{7}{3}$ です。

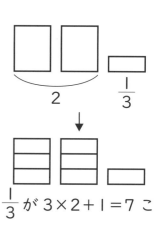

(2) $\frac{13}{4}$ は $\frac{1}{4}$ が 13 こ集まったものです。

$\frac{1}{4}$ は 4 こ集まると 1 になるので、

$13 \div 4 = 3$ あまり 1 から、$\frac{13}{4}$ は 1 が 3 こと

$\frac{1}{4}$ が 1 こになります。

このことから $\frac{13}{4}$ を帯分数にすると $3\frac{1}{4}$ です。

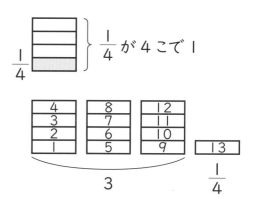

→答えは別冊 15 ページ

の中に、あてはまる数を書きましょう。

1 $2\frac{3}{4}$ を仮分数にしましょう。

$\frac{1}{4}$ は 1 を 4 つに分けた 1 つ分なので、$1 = \frac{\boxed{}}{4}$、

$\frac{1}{4}$

2 は 1 の 2 倍なので、$2 = \frac{\boxed{}}{4}$ になります。

$2\frac{3}{4}$ は 2 と $\frac{3}{4}$ の合計なので、$\frac{1}{4}$ が $\boxed{}$ + $\boxed{}$ = $\boxed{}$ こ、

つまり $2\frac{3}{4} = \frac{\boxed{}}{4}$ です。

$2\frac{3}{4}$ は $\frac{1}{4}$ が $2 \times 4 + 3 = 11$ こ集まった数だね。

2 $4\frac{5}{7}$ を仮分数にしましょう。

$\frac{1}{7}$ は 1 を 7 つに分けた 1 つ分なので、$1 = \frac{\boxed{}}{7}$、

4 は 1 の 4 倍なので、$4 = \frac{\boxed{}}{7}$ になります。

$4\frac{5}{7}$ は 4 と $\frac{5}{7}$ の合計なので、$\frac{1}{7}$ が $\boxed{}$ + $\boxed{}$ = $\boxed{}$ こ、

つまり $4\frac{5}{7} = \frac{\boxed{}}{7}$ です。

3 $\frac{13}{5}$ を帯分数にしましょう。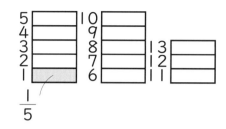

$\frac{13}{5}$ は $\frac{1}{5}$ が ☐ こ集まった数です。

$1 = \dfrac{☐}{5}$ より、$\frac{1}{5}$ が ☐ こ集まると 1 になります。

$13 \div 5 =$ ☐ あまり ☐ より、$\frac{13}{5}$ は 1 が ☐ こと、$\frac{1}{5}$ が ☐ こ集まった数になります。

このことから、$\frac{13}{5} = ☐\dfrac{☐}{5}$ とわかります。

4 $\frac{47}{9}$ を帯分数にしましょう。

$\frac{47}{9}$ は $\frac{1}{9}$ が ☐ こ集まった数です。

$1 = \dfrac{☐}{9}$ より、$\frac{1}{9}$ が ☐ こ集まると 1 になります。

$47 \div 9 =$ ☐ あまり ☐ より、$\frac{47}{9}$ は 1 が ☐ こと、$\frac{1}{9}$ が ☐ こ集まった数になります。

このことから、$\frac{47}{9} = ☐\dfrac{☐}{9}$ とわかります。

帯分数と仮分数の直し方は
わかったかな？

$2\frac{2}{5} + 1\frac{4}{5}$ を計算しよう。

$2\frac{2}{5} = 2 + \frac{2}{5}$、$1\frac{4}{5} = 1 + \frac{4}{5}$で
整数と真分数に分けられるね！

たいぶんすう
帯分数のたし算は整数どうし、
真分数どうしをたせばいいわね！

$2\frac{2}{5} + 1\frac{4}{5} = 3\frac{6}{5}$だ！

ちょっとまって！ $\frac{6}{5} = 1\frac{1}{5}$ だから
$3\frac{6}{5} = 3 + 1\frac{1}{5} = 4\frac{1}{5}$ だわ。

たいぶんすう
帯分数は必ず整数＋真分数の形に
するんだね！

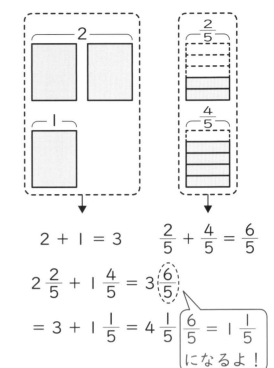

$$2 + 1 = 3 \qquad \frac{2}{5} + \frac{4}{5} = \frac{6}{5}$$

$$2\frac{2}{5} + 1\frac{4}{5} = 3\frac{6}{5}$$

$$= 3 + 1\frac{1}{5} = 4\frac{1}{5}$$

$\frac{6}{5} = 1\frac{1}{5}$ になるよ！

$3\frac{2}{7} - 1\frac{5}{7}$ を計算しよう。

ひき算も整数どうし、分数どうしで
ひき算すればいいね！
あれ？ $\frac{2}{7} - \frac{5}{7}$はできないぞ……！

整数の部分から分数の部分に
1をあげればいいわ！
$3\frac{2}{7} = 2 + 1 + \frac{2}{7} = 2\frac{9}{7}$よ！

これならひき算できるね！
$3\frac{2}{7} - 1\frac{5}{7} = 2\frac{9}{7} - 1\frac{5}{7} = 1\frac{4}{7}$だ

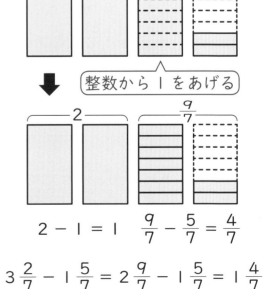

整数から1をあげる

$$2 - 1 = 1 \qquad \frac{9}{7} - \frac{5}{7} = \frac{4}{7}$$

$$3\frac{2}{7} - 1\frac{5}{7} = 2\frac{9}{7} - 1\frac{5}{7} = 1\frac{4}{7}$$

例題2

次の計算をしましょう。答えが仮分数になる場合は帯分数で答えましょう。

(1)　$2\dfrac{2}{5} + 1\dfrac{4}{5}$

(2)　$3\dfrac{2}{7} - 1\dfrac{5}{7}$

帯分数どうしのたし算とひき算は、整数は整数どうし、分数は分数どうしで計算することができます。

(1)　整数どうしをたすと $2 + 1 = 3$、分数どうしをたすと $\dfrac{2}{5} + \dfrac{4}{5} = \dfrac{6}{5}$ です。

しかし $\dfrac{6}{5}$ は仮分数なので、$3\dfrac{6}{5}$ という表し方はできません。

$\dfrac{6}{5} = 1\dfrac{1}{5}$ なので、答えは 3 と $1\dfrac{1}{5}$ の合計の

$4\dfrac{1}{5}$ になります。

つまり、$2\dfrac{2}{5} + 1\dfrac{4}{5} = 4\dfrac{1}{5}$ です。

$$2 + 1 = 3$$

$$②\dfrac{2}{5} + ①\dfrac{4}{5} = ③\dfrac{6}{5} = ④\dfrac{1}{5}$$

$$\dfrac{2}{5} + \dfrac{4}{5} = \dfrac{6}{5} = 1\dfrac{1}{5}$$

(2)　分数どうしひきたいのですが、$\dfrac{2}{7}$ から $\dfrac{5}{7}$ をひくことはできません。

このようなときは $3\dfrac{2}{7}$ を「2」と「$1\dfrac{2}{7}$」の合計とみて、

整数の部分から 1 くり下げて考えます。

$1\dfrac{2}{7} = \dfrac{9}{7}$ なので、$3\dfrac{2}{7}$ は $2\dfrac{9}{7}$ と同じと

考えて整数どうし、分数どうしでひくと

$3\dfrac{2}{7} - 1\dfrac{5}{7} = 2\dfrac{9}{7} - 1\dfrac{5}{7} = 1\dfrac{4}{7}$ になります。

$$3\dfrac{2}{7} = 2 + 1\dfrac{2}{7} = 2\dfrac{9}{7}$$

$$2 - 1 = 1$$

$$②\dfrac{9}{7} - ①\dfrac{5}{7} = ①\dfrac{4}{7}$$

$$\dfrac{9}{7} - \dfrac{5}{7} = \dfrac{4}{7}$$

→答えは別冊 15 ページ

5 $1\frac{4}{9} + 3\frac{1}{9}$ を計算しましょう。

帯分数どうしのたし算では、整数の部分どうし、分数の部分どうしをたすことができます。

整数の部分は $1 + 3 =$ □ 、

分数の部分は $\frac{4}{9} + \frac{1}{9} =$ □ なので、

$1\frac{4}{9} + 3\frac{1}{9} =$ □ です。

6 $2\frac{3}{5} + 3\frac{4}{5}$ を計算しましょう。

整数部分どうし、分数部分どうしをそれぞれたすと、$2\frac{3}{5} + 3\frac{4}{5} = 5\frac{7}{5}$ となりますが、整数と仮分数を組み合わせた書き方はしません。

分数部分 $\frac{7}{5}$ を帯分数に直すと $\frac{7}{5} =$ □ となるので、

5 とこれを合わせて $5 +$ □ $=$ □ となります。

7 $3\frac{1}{4} + 2\frac{3}{4}$ を計算しましょう。

整数部分どうし、分数部分どうしをそれぞれたすと、$3\frac{1}{4} + 2\frac{3}{4} = 5\frac{4}{4}$ となります。

この分数部分は $\frac{4}{4} =$ □ と整数に直せるので、

5 とこれを合わせて $5 +$ □ $=$ □ となります。

8 $4\frac{5}{7} - 3\frac{2}{7}$ を計算しましょう。

帯分数どうしのひき算では、整数の部分どうし、分数の部分どうしでひくことができます。

整数の部分は $4 - 3 = \boxed{}$ 、

分数の部分は $\frac{5}{7} - \frac{2}{7} = \boxed{}$ なので、

$4\frac{5}{7} - 3\frac{2}{7} = \boxed{}$ です。

9 $3\frac{2}{5} - 1\frac{4}{5}$ を計算しましょう。

整数部分どうし、分数部分どうしでひきたいですが、分数部分の $\frac{2}{5} - \frac{4}{5}$ は計算できません。

このようなときは、整数部分から分数部分に1くり下げて考えます。

$1\frac{2}{5} = \frac{\boxed{}}{5}$ であることから、$3\frac{2}{5} = 2\frac{\boxed{}}{5}$ となるので、

$3\frac{2}{5} - 1\frac{4}{5} = 2\frac{\boxed{}}{5} - 1\frac{4}{5} = \boxed{}$ です。

10 $7 - 3\frac{3}{8}$ を計算しましょう。

同じように1くり下げると、$7 = 6\frac{\boxed{}}{8}$ と表されることを使うと、

$7 - 3\frac{3}{8} = \boxed{}$ となります。

→答えは別冊 15 ページ

1 次の帯分数は仮分数に、仮分数は帯分数に直しましょう。

(1) $3\dfrac{2}{5}$

(2) $4\dfrac{3}{8}$

(3) $\dfrac{7}{2}$

(4) $\dfrac{22}{7}$

(5) $\dfrac{47}{10}$

2 次の計算をしましょう。答えが仮分数になる場合は帯分数か整数に直して答えましょう。

(1) $2\dfrac{1}{5} + 3\dfrac{3}{5}$

(2) $4\dfrac{4}{7} + \dfrac{5}{7}$

(3) $3\dfrac{3}{10} + 4\dfrac{7}{10}$

(4) $5\dfrac{8}{9} - 2\dfrac{1}{9}$

(5) $4\dfrac{1}{5} - 2\dfrac{2}{5}$

(6) $10 - 6\dfrac{3}{8}$

計算のきまり

関連ページ 「つまずきをなくす小4算数計算【改訂版】」152〜159ページ
「つまずきをなくす小4算数文章題【改訂版】」112〜119ページ

つまずきをなくす説明

24 − 4 × 5 を計算してみよう。

 24 − 4 = 20、20 × 5 = 100 だから答えは 100 だ！

1 つの式の中に−と×がある場合、−よりも先に×を計算するんだよ。

 4 × 5 = 20 を先に計算するんだね。式は 24 − 20 になるから、答えは 4 だ。

よくできたね。

$$24 - 4 \times 5 = 24 - 20 = 4$$

①（4 × 5）
②（24 − ...）

式の下に計算の順番を
書いてから計算しよう！

今度は、6 × (7 + 9)を計算してみよう。

 式の中に（　）があるぞ……。どういう意味だろう？

（　）の中を先に計算しなさいという意味だよ。

 式の中に×と+があるけど、（　）の中のたし算を先に計算するのね。

その通り！

 7 + 9 を先に計算すると式は 6 × 16 になるね。答えは 96 だ！

正かい！

$$6 \times (7 + 9) = 6 \times 16 = 96$$

①（7 + 9）
②

→答えは別冊 16 ページ

例題 1

次の計算をしましょう。

(1) 24 − 4 × 5

(2) 6 × (7 + 9)

計算の順番には次の①、②のきまりがあります。

> きまり① ×、÷と＋、－がまじった式では、×、÷を先に計算します。

（1） －よりも×を先に計算するので、4 × 5 が先です。

4 × 5 = 20

24 − 20 = 4　より、答えは 4 です。

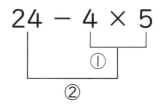

順番を書いてから計算すると
わかりやすいよ！

> きまり② （　）がある式では（　）の中を先に計算します。

（2） （　）がついているので、（　　）の中の 7 + 9 を先に計算します。

7 + 9 = 16

6 × 16 = 96　より、答えは 96 です。

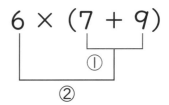

きまり①、②のどちらにもあたらないときは
左から順番に計算しよう！

たしかめよう

　　の中に、あてはまる数を書き、また正しい方を丸でかこみましょう。

1 48 − 28 ÷ 4 を計算しましょう。

ひき算とわり算では ひき算・わり算 を先に計算します。

28 ÷ 4 = ☐

48 − ☐ = ☐

より、答えは ☐ です。

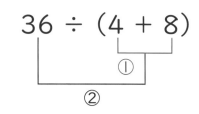

2 36 ÷ (4 + 8) を計算しましょう。

(　) のある式では、(　) の 中・外 を先に計算します。

4 + 8 = ☐

36 ÷ ☐ = ☐ より、答えは ☐ です。

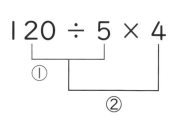

3 120 ÷ 5 × 4 を計算しましょう。

わり算とかけ算では計算のきまりは関係ないので、左・右 から計算します。

120 ÷ 5 = ☐

☐ × 4 = ☐

より、答えは ☐ です。

4 36 ＋（36 − 4 × 3）÷ 6 を計算しましょう。

計算の順番に気をつけましょう。

（　　）がある式ではまず（　　）の中を計算するので、

最初に 36 − 4 × 3 を計算します。

ひき算とかけ算では ┊ひき算・かけ算┊ を先に計算するので、一番最初に計算

するのは ┊　　　　┊ です。

このことに気をつけると、36 − 4 × 3 ＝ ┊　　　┊ になります。

このとき、のこった式は 36 ＋ 24 ÷ 6 になります。

たし算とわり算では ┊たし算・わり算┊ を先に計算するので、

　36 ＋ 24 ÷ 6 ＝ ┊　　　┊ です。

> 次のように、先に計算の順番を書いてしまうと
> わかりやすいよ！

$$36 ＋（36 − 4 × 3）÷ 6$$

①
②
③
④

5 48 − 18 ×（32 − 2 × 15）の計算の順番を下に書いてから計算しましょう。

　48 − 18 ×（32 − 2 × 15）＝ ┊　　　┊

25 × 83 × 4っていう問題があるけど、かなりたいへんそうだ……。

かけ算だけの式は順番を入れかえても答えがかわらないよ！
2 × 3 × 4 でたしかめよう！

$$2 \times 3 \times 4 = 6 \times 4 = 24 \qquad 2 \times 4 \times 3 = 8 \times 3 = 24$$

$$3 \times 2 \times 4 = 6 \times 4 = 24 \qquad 3 \times 4 \times 2 = 12 \times 2 = 24$$

$$4 \times 2 \times 3 = 8 \times 3 = 24 \qquad 4 \times 3 \times 2 = 12 \times 2 = 24$$

本当だわ。それじゃあ 25 × 83 × 4 は順番をかえて計算していいのね。

じゃあ、どういう順番にするといいかな？

25 × 4 = 100 を使うと計算が楽になるね。

$$25 \times 83 \times 4 = 25 \times 4 \times 83 = 100 \times 83 = 8300$$

次は、73 × 58 + 27 × 58 か……。これもたいへんそうだ……。

58 がいくつあるか考えてごらん！

この式は 58 が 73 こと、58 が 27 こをたしなさいっていう意味よね。
73 + 27 = 100 だから 58 は 100 こあるよ！　答えは 58 × 100 = 5800 だね。

$$73 \times 58 + 27 \times 58 = (73 + 27) \times 58$$

かけ算の部分が同じときは
まとめられるよ！

$$= 100 \times 58$$

$$= 5800$$

→答えは別冊 16 ページ

例題2

くふうして、次の計算をしましょう。

(1) 25 × 83 × 4　　　　　　(2) 73 × 58 + 27 × 58

計算をくふうするときには、次のきまりを使うことができます。

> **きまり③** たし算だけの式、かけ算だけの式では、順番を入れかえて計算することができます。

(1) かけ算だけの式なので、順番を入れかえて計算してもよいです。

25 × 83 × 4 = 25 × 4 × 83 と順番を入れかえると、

25 × 4 = 100、100 × 83 = 8300 より、答えは 8300 です。

> 25 × 4 = 100、125 × 8 = 1000 はよく使うので
> おぼえておくといいよ！

> **きまり④** 次のような関係（分配法則）がなり立ちます。
>
> ○ × □ + △ × □ = (○ + △) × □
>
> ○ × □ + ○ × △ = ○ × (□ + △)

(2) きまり④を使うと、

73 × 58 + 27 × 58 = (73 + 27) × 58

= 100 × 58

= 5800　です。

→答えは別冊16ページ

　　の中に、あてはまる数を書きましょう。

6 483 ＋ 294 ＋ 517 をくふうして計算しましょう。

たし算だけの式では順番を入れかえて計算することができます。

483 ＋ 294 ＋ 517 ＝ 483 ＋ 517 ＋ 294 と入れかえて、483 ＋ 517 を先に計算すると

$$483 \quad + 517 = \boxed{}$$

$$\boxed{} \quad + 294 = \boxed{}$$

より、答えは $\boxed{}$ です。

7 125 × 47 × 8 をくふうして計算しましょう。

かけ算だけの式なので、順番を入れかえて計算します。

$$125 × 47 × 8 = 125 × \boxed{} × \boxed{} \quad と入れかえると、$$

$$125 \quad × \boxed{} = \boxed{}$$

$$\boxed{} \quad × \quad 47 \quad = \boxed{}$$

より、答えは $\boxed{}$ です。

8 6.4 ＋ 7.2 ＋ 3.6 ＋ 2.8 をくふうして計算しましょう。

$$6.4 + 7.2 + 3.6 + 2.8 = 6.4 + \boxed{} + \boxed{} + 2.8 \quad と入れかえて、$$

前2つ、後ろ2つどうしを先に計算することで、答えは $\boxed{}$ です。

9 837 × 72 + 163 × 72 をくふうして計算しましょう。

きまり④を使うと、

837 × 72 + 163 × 72 = (⬚ + ⬚) × 72

= ⬚ × 72

= ⬚ です。

10 487 × 384 − 487 × 284 をくふうして計算しましょう。

きまり④はかけ算どうしの間がひき算でも同じように使うことができます。

487 × 384 − 487 × 284 = 487 × (⬚ − ⬚)

= 487 × ⬚

= ⬚ です。

11 33 × 63 + 52 × 63 + 15 × 63 をくふうして計算しましょう。

きまり④はかけ算のかたまりが3つの場合でも同じように使うことができます。

33 × 63 + 52 × 63 + 15 × 63 = (⬚ + ⬚ + ⬚) × 63

= ⬚ × 63

= ⬚ です。

→答えは別冊 16 ページ

1 順番に気をつけて、次の計算をしましょう。

(1) 84 + 16 × 5

(2) 587 − 323 − 23

(3) 60 ÷ (6 + 4)

(4) (42 − 12 × 3) ÷ 2

(5) 84 + (32 + 28 × 3) ÷ 4

2 くふうして、次の計算をしましょう。

(1) 384 + 773 + 227

(2) 25 × 49 × 4

(3) 67 × 73 + 67 × 27

(4) 84 × 68 − 34 × 68

★**(5)** 58 × 34 + 71 × 34 − 34 × 29

(5) 34 × 29 は 29 × 34 と入れかえて考えるといいよ。

およその数

関連ページ 「つまずきをなくす小4算数計算【改訂版】」16～23 ページ
「つまずきをなくす小4算数文章題【改訂版】」58～61 ページ

つまずきをなくす 説明

 ? 先生、「がい数」ってどういうことなの？

がい数とは「だいたいこのくらい」というおよその数のことだよ。たとえば千の位までのがい数ということは「約○○千」という形になるよ。

 ? 「約○○千」ということは、百の位から下の数はすべて 0 になってしまうの？

よく気づいたね。がい数にするには 3 つの方法があるよ。

（1） 切り捨て

千の位
63│572 ⇨ およそ 63000
捨てる

百の位から下の数をすべて捨てて 0 にすることを切り捨てというよ。

（2） 切り上げ

千の位
63│572 ⇨ およそ 64000
1000 だと
考える

下の位から 1 くり上がってくるので 3 ＋ 1 ＝ 4 になる

百の位から下に数字が 1 つでもあったら、1000 あるものと考えて 1 くり上げるのを切り上げというよ。

（3） 四捨五入

千の位
63（5）72 ⇨ およそ 64000
5 以上なので
切り上げる

下の位から 1 くり上がってくるので 3 ＋ 1 ＝ 4 になる

4、3、2、1、0 なら切り捨てるよ

千の位の 1 つ下の、百の位の数が 5 より小さいときは切り捨て、5 以上なら切り上げるのを四捨五入というよ。

> 63572 を次の方法で千の位までのがい数にしましょう。
> (1) 切り捨て　　　　(2) 切り上げ　　　　(3) 四捨五入

千の位までのがい数にする場合は、百の位の数字を見て考えます。

(1) 「切り捨て」なので、百の位から

　　下のものを 0 と考えます。

　　右のように 63000 になります。

$$\underline{63}572$$
$$\downarrow \text{0と考える}$$
$$63000$$

(2) 「切り上げ」なので、百の位から

　　下のものを 1000 と考えます。

　　右のように 64000 になります。

$$\underline{63}572$$
$$\downarrow \begin{array}{l}1000 \text{と} \\ \text{考える}\end{array}$$
$$64000$$

(3) 「四捨五入」なので、

　　百の位が 0 から 4 のときは切り捨て、

　　百の位が 5 から 9 のときは切り上げます。

　　百の位は 5 なので切り上げとなり、64000 です。

$$63⑤72$$
$$\downarrow 5 \rightarrow \text{切り上げ}$$
$$64000$$

> 四捨五入は 0〜4 のときは切り捨て、
> 5〜9 のときは切り上げだよ！

→答えは別冊 17 ページ

の中に、あてはまる数を書き、また正しい方を丸でかこみましょう。

1 37629 を 3 つの方法で上から 2 けたのがい数にしましょう。

上から 2 けたのがい数にするには、上から 　　　 けた目の数に注目します。

（1）　切り捨てで上から 2 けたのがい数にすると、

上から 3 けた目から下の数はすべて 0 とみればよいので、

　　　　　　　　　　　　 になります。

（2）　切り上げで上から 2 けたのがい数にすると、

上から 3 けた目から下の数を 1 つ上の位の数とみるので

　　　　　　　　　　　　 になります。

（3）　四捨五入で上から 2 けたのがい数にします。

上から 3 けた目の数は 6 なので、 切り捨て・切り上げ をすればよいので、

　　　　　　　　　　　　 になります。

2 8362807 を四捨五入で上から 3 けたのがい数にしましょう。

上から 3 けたのがい数にするので、上から 　　　 けた目の数に注目します。

この数は 　　 なので、 切り捨て・切り上げ をすればよいから、

答えは 　　　　　　　 です。

> 上から○けたのがい数にするときは
> その 1 つ下の位の数に注目しよう！

94

3 7.83 を 3 つの方法で小数第一位までのがい数にしましょう。

小数第一位までのがい数にするには、小数第 [　] 位の数に注目します。

（1）　切り捨てで小数第一位までのがい数にすると、

小数第二位から下の数はすべて 0 とみればよいので、

[　]になります。

（2）　切り上げで小数第一位までのがい数にすると、

小数第二位から下の数を 1 つ上の位の数とみるので

[　]になります。

（3）　四捨五入で小数第一位までのがい数にします。

小数第二位の数は 3 なので、 切り捨て・切り上げ をすればよいので、

[　]になります。

4 27.382 を四捨五入で小数第二位までのがい数にしましょう。

小数第二位までのがい数にするので、小数第 [　] 位の数に注目します。

この数は [　] なので、 切り捨て・切り上げ をすればよいから、

答えは [　] です。

小数のがい数にするときも
その 1 つ下の位の数に注目しよう！

四捨五入で上から2けたのがい数にしたとき470になる整数のはんいはどうなるかな？

上から2けたのがい数にしたのだから、上から3けた目の数について考えればいいのね。

一番小さい数の場合は46□から切り上げて470になるはずだね。

切り上げになるのは□が5～9のときだから、一番小さいのは465だわ！

一番大きい数の場合は47□から切り捨てで470になるはずだね。
□が0～4なら切り捨てだから、一番大きいのは474だ！

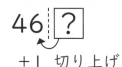

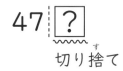

それでは、四捨五入で整数にしたとき7になる数のはんいはどうなるかな？

四捨五入して整数になるということは小数第一位を四捨五入したはずね！

一番小さいのは切り上げて7になるときだから6.5だね！

一番大きいのは切り捨てで7になるときだから7.4？
でもこれじゃあ7.49のような数が入らないわ。

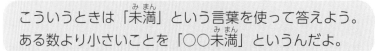

こういうときは「未満」という言葉を使って答えよう。
ある数より小さいことを「○○未満」というんだよ。

7.5よりほんの少しでも小さければ小数第一位で四捨五入すると7になるから、7.5未満ね。

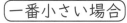

例題2

次の ☐ にあてはまる数を答えましょう。

(1) 四捨五入で上から 2 けたのがい数にしたとき 470 になる整数のはんいは

☐ 以上 ☐ 以下です。

(2) 四捨五入で整数にしたとき 7 になる数のはんいは

☐ 以上 ☐ 未満です。

(1) 四捨五入して上から 2 けたのがい数が 470 になったということは、

上から 3 けた目が 0 から 4 のとき切り捨て、5 から 9 のとき切り上げ

をしたということです。

これを数直線で表すと右のようになります。

一番小さい整数は 465、一番大きい整数は 474

なので 465 以上 474 以下です。

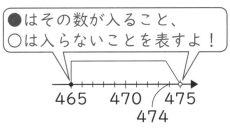

●はその数が入ること、○は入らないことを表すよ！

465　470　475
474

(2) 四捨五入で整数にするので、小数第一位の数に注目します。

(1) と同じように数直線をかくと右のようになりますが、

「6.5 以上 7.4 以下」と言ってしまうと 7.49 のような数が

入らなくなってしまいます。

このようなときは「未満」という言葉を使って、

6.5 以上 7.5 未満と答えましょう。

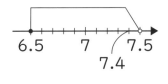

6.5　7　7.5
7.4

「7.5 以下」だと 7.5 も入るけど、
「7.5 未満」は 7.5 を入れないよ！

の中に、あてはまる数を書き、また正しい方を丸でかこみましょう。

5 四捨五入で百の位までのがい数にしたとき、5300 になる整数のはんいを考えましょう。

四捨五入で百の位までのがい数にしたということは、〔　　　〕の位の数が

0 から 4 までのとき切り捨て、5 から 9 までのとき切り上げをしたということです。このはんいを●と○を使って下の数直線に表してみましょう。

このことから、もとめる整数のはんいは〔　　　〕以上〔　　　〕以下です。

6 四捨五入で整数にしたとき 4 になる数のはんいを考えましょう。
まず、このような数のはんいを●と○を使って数直線に表してみましょう。

このことから、もとめる数のはんいは

〔　　　〕以上〔　　　〕以下・未満 です。

7 47.3 ÷ 14 を計算し、商を四捨五入により小数第一位までのがい数で答えましょう。

小数第一位までのがい数で答えるためには、

小数第 ⬚ 位まで計算をすればよいです。

右のように筆算をすると、小数第二位までの

商は ⬚ になるので、四捨五入をして

⬚ です。

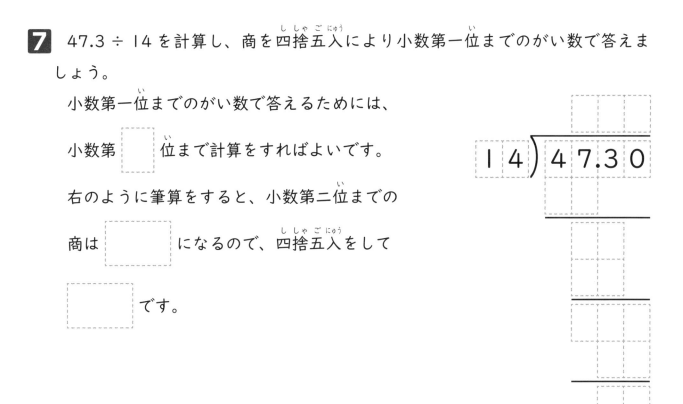

8 118.6 ÷ 6 を計算し、商を四捨五入により整数で答えましょう。

整数で答えるには小数第 ⬚ 位

まで計算すればよいです。

この商は右の計算より ⬚ になる

ので、四捨五入をして ⬚ です。

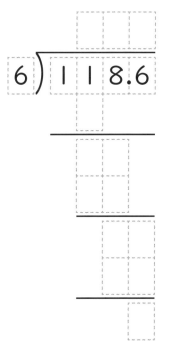

切り上げられた位の数が 9 のときは
さらにもう 1 つ上の位にくり上がるよ！

→答えは別冊 18 ページ

次の 　　　　　 にあてはまる数を答えましょう。

(1) 7472 を切り捨てで百の位までのがい数にすると 　　　　　 です。

(2) 64339 を切り上げで千の位までのがい数にすると 　　　　　 です。

(3) 83629 を四捨五入で百の位までのがい数にすると 　　　　　 です。

(4) 495732 を切り上げで上から 2 けたのがい数にすると 　　　　　 です。

(5) 四捨五入で百の位までのがい数にしたとき、6300 になる整数のはんいは

　　　　　 以上 　　　　　 以下です。

(6) 四捨五入で千の位までのがい数にしたとき、423000 になる整数のはんいは

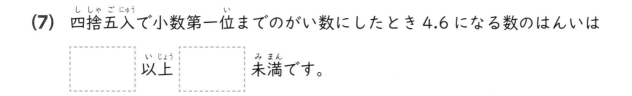

　　　　　　　以上　　　　　　　以下です。

(7) 四捨五入で小数第一位までのがい数にしたとき 4.6 になる数のはんいは

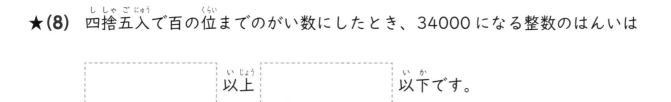

　　　　以上　　　　未満です。

★**(8)** 四捨五入で百の位までのがい数にしたとき、34000 になる整数のはんいは

　　　　　　　以上　　　　　　　以下です。

> 切り上げて百の位が 0 になったということは、千の位も 1 ふえたということだよ。

次の計算をし、商は四捨五入により小数第一位までのがい数で答えましょう。

(9) 43.4 ÷ 6

(10) 73 ÷ 21

Chapter

2

文章題

わり算の文章題①

関連ページ 「つまずきをなくす小4算数文章題【改訂版】」10〜25、28〜47ページ

つまずきをなくす説明

 ここにある84本のえんぴつを7人で同じ数ずつ分けるんだけど、何本もらえるんだろう？

同じ数ずつ分ける、といえばどんな計算をしたかな？

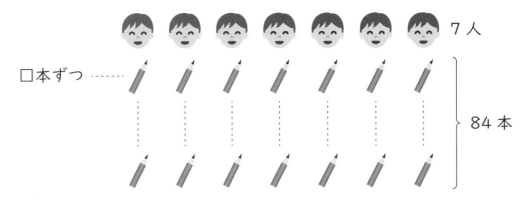

□本ずつ
7人
84本

 わり算だ！　ということは、84 ÷ 7 を計算すればいいんだね。

 204このみかんを12こずつふくろづめすることをたのまれたんだけど、ふくろはいくついるのかしら？

同じ数ずつに分けるということは、これもわり算だね。

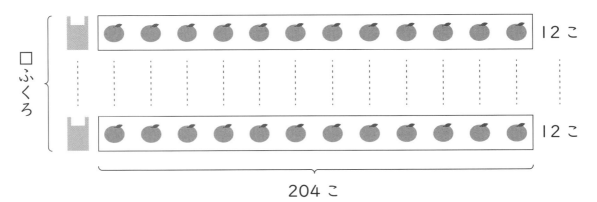

□ふくろ
12こ
12こ
204こ

 204 ÷ 12 を計算すればいいのね。

→答えは別冊 19 ページ

例題1

84 本のえんぴつを 7 人に同じ数ずつ分けたいと思います。1 人何本ずつもらうことができますか。

「同じ数ずつ分ける」ということは、わり算で
計算します。

式は 84 ÷ 7 です。

右のように筆算で計算をすると 84 ÷ 7 = 12 なので、
答えは 12 本です。

```
     1 2
  ┌──────
7 │ 8 4
  │ 7
  │───────
  │ 1 4
  │ 1 4
  │───────
  │   0
```

例題2

204 このみかんを 12 こずつふくろづめすると、何ふくろできますか。

これも同じ数ずつに分けているのでわり算です。

式は 204 ÷ 12 です。

右のように筆算で計算をすると 204 ÷ 12 = 17
なので、答えは 17 ふくろです。

```
      1 7
   ┌──────
12 │ 2 0 4
   │ 1 2
   │────────
   │   8 4
   │   8 4
   │────────
   │     0
```

同じ数ずつに分けるときはわり算を使うよ！

→答えは別冊 19 ページ

の中に、あてはまる数を書きましょう。

1 494 まいの画用紙を 38 人の子どもたちで同じ数ずつ分けたいと思います。1人何まいずつもらえますか。

同じ数ずつ分けるということはわり算なので、

式は ☐ ÷ ☐ になります。

右のように筆算で計算すると、

答えは ☐ まいずつです。

$$38 \overline{)494}$$

2 412 人の子どもたちを 4 人ずついすにすわらせたいと思います。いすは何きゃくひつようですか。

4 人ずつに分けているのでわり算です。

式は ☐ ÷ ☐ になります。

右のように筆算で計算すると、

答えは ☐ きゃくです。

ここに注意！！
↓

$$4 \overline{)412}$$

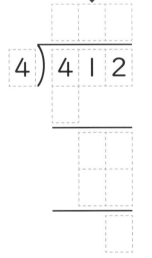

3 600本のえんぴつがあります。これを1人に5本ずつ配ると、何人に配ることができますか。

同じ数ずつ配っているのでわり算です。

式は ☐ ÷ ☐ になります。

右のように筆算で計算すると、

答えは ☐ 人です。

4 1666このみかんを1箱に34こずつつめていきます。このとき、何箱できますか。

同じ数ずつ箱づめしているのでわり算です。

式は ☐ ÷ ☐ になります。

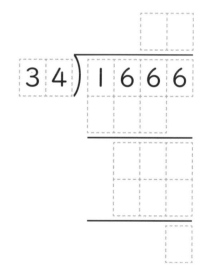

右のように筆算で計算すると、

答えは ☐ 箱です。

→答えは別冊 19、20 ページ

1 132 このおはじきを 4 人で同じ数ずつ分けたいと思います。1 人何こずつもらうことができますか。

（式と筆算）

答え：　　　　　こ

2 468cm のリボンを 6 人で同じ長さになるように分けたいと思います。1 人何 cm ずつもらうことができますか。

（式と筆算）

答え：　　　　　cm

3 336 ページの本を 12 日間で読むことにしました。毎日同じページ数だけ読むことにすると、1 日何ページずつ読むことになりますか。

（式と筆算）

答え：　　　　ページ

4 4320 このあめがあります。これを 24 こずつふくろづめにすると、何ふくろできますか。

（式と筆算）

答え：　　　　ふくろ

わり算の文章題②

関連ページ 「つまずきをなくす小4算数文章題【改訂版】」10〜25、28〜47 ページ

つまずきをなくす **説明**

 えんぴつが 108 本あるぞ。これを 7 人で分けたいな。

```
    1 5
7 ) 1 0 8
    7
  ─────
    3 8
    3 5
  ─────
      3
```

 ということは、1 人何本ずつもらえるかな？

 同じ数ずつ分けるということは、わり算だ！
108 ÷ 7 = 15 あまり 3　あれ？　あまりが出たぞ？

 これは、1 人につき 15 本ずつ配ることができ、そのときにえんぴつが
3 本あまることを表しているよ！

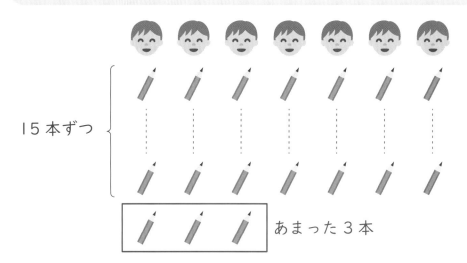

15 本ずつ

あまった 3 本

 このように考えると、わり算はたしかめをすることができるよ。
7 人が 15 本ずつもらって 3 本あまったということは、えん
ぴつの本数を 1 つの式に表して計算すると、どうなるかな？

 7 × 15 + 3 = 108 で、108 本！　ということはこの計算で合っていたんだね！

$$108 ÷ 7 = 15 \text{ あまり } 3$$
$$⇓$$
$$108 = 7 × 15 + 3$$

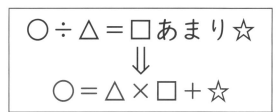

○ ÷ △ = □ あまり ☆
⇓
○ = △ × □ + ☆

→答えは別冊 20 ページ

例題1

108 本のえんぴつを 7 人で分けたいと思います。1 人何本ずつもらうことができますか。またえんぴつは何本あまりますか。

同じ数ずつ分けるということはわり算です。

式は 108 ÷ 7 となります。

右のように筆算をすると 108 ÷ 7 = 15 あまり 3 となります。

これは 7 人が 15 本ずつえんぴつをもらうことができ、さらにえんぴつが 3 本あまったことを意味しています。

```
       1 5
   ─────────
 7 ) 1 0 8
       7
   ─────────
       3 8
       3 5
   ─────────
         3
```

ところで、「えんぴつを 1 人 15 本ずつ、7 人に配ると 3 本あまる」ことから、えんぴつの本数を計算してもとめると、7 × 15 + 3 = 108（本）となります。

このことから、あまりのあるわり算は次のように書きかえることができます。

108 ÷ 7 = 15 あまり 3
⇩
108 = 7 × 15 + 3

○ ÷ △ = □ あまり ☆
⇩
○ = △ × □ + ☆

この式を使うと、計算が正しいかたしかめをすることができるよ！

→答えは別冊 20 ページ

の中に、あてはまる数を書きましょう。

1 280 このみかんを 12 こずつふくろづめにしたいと思います。12 こ入りのみかんは何ふくろできますか。また何このみかんがあまりますか。

12 こずつに分けているので、わり算です。

式は [ ] ÷ [ ] になります。

右のように筆算で計算すると、

12 こ入りのみかんが [ ] ふくろできて、

みかんは [ ] こあまります。

$$12\overline{)280}$$

本当に合っているか、たしかめをしてみよう！

12 こ入りのみかんが [ ] ふくろできて、みかんが [ ] こあまったということは、みかんのこ数は

12 × [ ] + [ ] = [ ] （こ）

となるので、これで合っています。

2 216 ページの本を 1 日に 14 ページずつ読むことにしました。読み始めてから
何日目に読み終えることができますか。

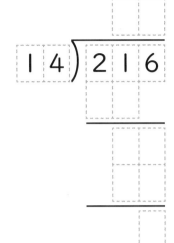

同じ数ずつ分けているのでわり算です。

式は ☐ ÷ ☐ になります。

右のように筆算で計算すると、わり算の

答えは ☐ あまり ☐ です。

 ということは、15 日で読み終わるぞ！

 本当にそうかな？

15 日後……。

 おかしいな……？
読み終わらなかったぞ。

 あまりの 6 の意味を
よく考えてみよう！

あまりの 6 は 15 日後にまだ 6 ページのこっていることを意味します。
この 6 ページを読むためにもう 1 日ひつようなので、

☐ ＋ ☐ ＝ ☐ より、16 日目に読み終わります。

→答えは別冊 20、21 ページ

1 188 このみかんを 6 人で同じ数ずつなるべく多くもらえるように分けたいと思います。1 人何こずつもらうことができますか。またみかんは何こあまりますか。

（式と筆算）

（たしかめをしてみよう！）

答え： 1 人　　　こもらうことができ、みかんは　　こあまる。

2 745 このたまごを 6 こずつパックづめしたいと思います。6 こ入りのパックは何パックできますか。

（式と筆算）

答え：　　　　パック

3 夏休み（42日間）に計算800問の宿題が出ました。毎日同じ問題数をといて終わらせるためには、1日に何問以上とくひつようがありますか。

（式と筆算）

答え：　　　　　問

4 782人の子どもたちを長いすにすわらせることにします。いす1きゃくに6人まですわることができるとすると、いすは何きゃく用意すればよいですか。

（式と筆算）

答え：　　　　　きゃく

小数・分数の文章題

関連ページ 「つまずきをなくす小4算数文章題【改訂版】」72〜87、98〜105ページ

つまずきをなくす説明

3.2L のジュースが入っているびんから、
0.48L を飲んだよ。
のこりは 3.2 − 0.48 で計算できるね。

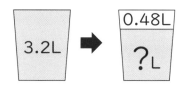

筆算は 320 − 48 と
同じように計算しよう！

$$
\begin{array}{r}
3.2\,0 \\
-\,0.4\,8 \\
\hline
2.7\,2
\end{array}
$$

0 があると
考えよう！

小数点の位置をそろえよう！

リボンを2人で分けたら、
$3\frac{4}{7}$m と $1\frac{5}{7}$m になったわ！

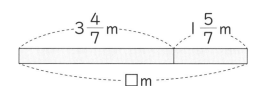

$3\frac{4}{7}$m　$1\frac{5}{7}$m

□m

もとのリボンの長さは何mかな？

$3\frac{4}{7} + 1\frac{5}{7}$ で計算できるわ。

たし算の整数の部分は 3 + 1 = 4、分子の部分は
4 + 5 = 9 だから、$3\frac{4}{7} + 1\frac{5}{7} = 4\frac{9}{7}$ だよね！

本当かな？　分子と分母をくらべてごらん。

あっ！　分子の方が分母より大きくなっているぞ！
$\frac{9}{7} = 1\frac{2}{7}$ だから $4\frac{9}{7} = 4 + 1\frac{2}{7} = 5\frac{2}{7}$ だね！

→答えは別冊 22 ページ

例題1

びんにジュースが 3.2L 入っています。ここから 0.48L のジュースを飲むと、のこりは何 L ですか。

ジュースが 6L 入っているところから 2L の
ジュースを飲んだときののこりを 6 − 2 = 4（L）
ともとめるのと同じように、小数であっても
この場合はひき算で計算することができます。

　3.2 − 0.48 = 2.72

より、答えは 2.72L です。

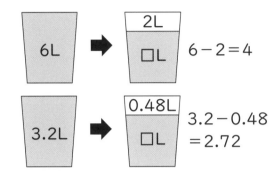

例題2

あるリボンを姉妹 2 人で分けたところ、姉は $3\frac{4}{7}$ m、妹は $1\frac{5}{7}$ m もらうことができました。このリボンのもとの長さは何 m ですか。

リボンを 2 人で分けたところ 3m と 4m に
なったとき、もとの長さが 3 + 4 = 7（m）と
もとめられるのと同じように、分数であっても
この場合はたし算で計算することができます。

$$3\frac{4}{7} + 1\frac{5}{7} = 5\frac{2}{7}$$

より、答えは $5\frac{2}{7}$ m です。

□m
　　3m　　4m
3 + 4 = 7

□m
　$3\frac{4}{7}$ m　$1\frac{5}{7}$ m
$3\frac{4}{7} + 1\frac{5}{7} = 5\frac{2}{7}$

小数や分数が出てきても、式の立て方は同じだよ！

→答えは別冊 22 ページ

の中に、あてはまる数を書き、また正しいものを丸でかこみましょう。

1 重さ 0.6kg のよう器に水を 1.74kg 入れて重さをはかると全体で何 kg ですか。

> 小数だとわかりにくい場合は、「重さ 2kg のよう器に水を 3kg 入れて重さをはかると全体で何 kg ですか」という問題と同じように考えてみよう！

たし算・ひき算・かけ算・わり算 で計算します。

式は _____ です。

これを計算して、答えは ____ kg です。

2 よう器にジュースが 3L 入っています。ここからジュースを $1\frac{4}{9}$ L 飲むと、のこりは何 L ですか。

> 「5L 入りのよう器から 2L を飲む」と同じように考えられるよ！

たし算・ひき算・かけ算・わり算 で計算します。

式は _____ です。

これを計算して、答えは ____ L です。

3 1 こ 0.75kg のボールがあります。このボール 12 この重さは何 kg ですか。

「1 こ 2kg のボールが 10 こ」と同じように考えられるよ。

たし算・ひき算・かけ算・わり算 で計算します。

式は _____ です。

これを計算して、答えは ___ kg です。

4 7.2L のジュースを 15 人で分けます。1 人何 L ずつもらうことができますか。

わかりにくければ同じように整数におきかえた問題を作ってみてね。

たし算・ひき算・かけ算・わり算 で計算します。

式は _____ です。

これを計算して、答えは ___ L です。

整数でも、小数や分数でも
式の立て方は同じだよ！

やってみよう

→答えは別冊（べっさつ）22 ページ

1 びんにさとうを 2.3kg 入れて重さをはかると、全体で 2.83kg になりました。びんの重さは何 kg ですか。

（式）

答え：　　　kg

2 びんにジュースが入っています。ここから $\frac{3}{5}$ L のジュースを飲むと、びんにのこったジュースは $1\frac{4}{5}$ L になりました。はじめにびんに入っていたジュースは何 L ですか。

（式）

答え：　　　L

3 32 人の子どもたちに、1 人につきジュースを 0.4L ずつ分けたいと思います。ジュースは全部で何 L ひつようですか。

（式）

答え：　　　　　　L

4 同じ大きさのボール 24 この重さをまとめてはかると、全部で 6kg でした。このボール 1 この重さは何 kg ですか。

（式）

答え：　　　　　　kg

「〇倍」の文章題

関連ページ 「つまずきをなくす小4算数文章題【改訂版】」90〜97ページ

つまずきをなくす説明

 赤、青、白のボールがたくさんあるぞ。赤いボールは数えたら36こあったよ。

 青いボールのこ数は赤いボールのこ数の3倍らしいんだけど、何こあるかしら？

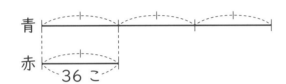

 何が何の何倍かに注意して、ボールの数を線の長さで表した図をかくといいよ！

 青いボールの数＝赤いボールの数×3
だから、答えは36×3＝108で、108こだ。

 このような図を線分図というよ。

 赤いボールのこ数は白いボールのこ数の2倍らしいけど、36×2＝72こかな？

 何は何の何倍かに注意して、もう1度読んでみよう！

 赤いボールは白いボールの2倍だね。

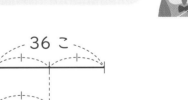

線分図

赤の数は白の2倍だよ！

 ということは、線分図は右のようになるから、白いボールの数＝赤いボールの数÷2だわ。

 36÷2＝18で、白いボールは18こだね！

→答えは別冊 22 ページ

例題 1

ふくろの中に赤いボール、青いボール、白いボールが入っており、赤いボールの数は 36 こです。

(1) 青いボールは赤いボールの 3 倍のこ数だけ入っています。青いボールは何こありますか。

(2) 赤いボールは白いボールの 2 倍のこ数だけ入っています。白いボールは何こありますか。

(1) 青いボールは赤いボールの 3 倍なので、

線分図をかくと右のようになります。

青いボールのこ数は、

36 × 3 = 108 より、

108 こです。

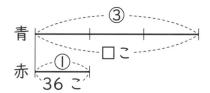

(2) 赤いボールは白いボールの 2 倍なので、

線分図をかくと右のようになります。

白いボールのこ数は、

36 ÷ 2 = 18 より、

18 こです。

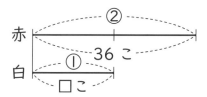

倍の関係をみるときには、
「は」「の」に注意しよう！

→答えは別冊 22 ページ

1 赤いバケツ、青いバケツ、黄色いバケツがあり、赤いバケツには 12L の水が入っています。

(1) 青いバケツには赤いバケツの 2 倍の水が入っています。青いバケツに入っている水の量は何 L ですか。

(2) 赤いバケツには黄色いバケツの 3 倍の水が入っています。黄色いバケツに入っている水の量は何 L ですか。

次の □ にあてはまる数または記号を書いて、問題に答えましょう。

(1) 赤と青のバケツの水の量の関係を線分図にすると右のようになります。
青いバケツの水の量は、

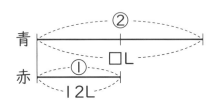

12 □ 2 = □

より、 □ L です。

(2) 赤と黄のバケツの水の量の関係を線分図にすると右のようになります。
黄色いバケツの水の量は、

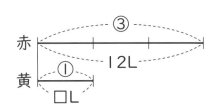

12 □ 3 = □

より、 □ L です。

「は」「の」に気をつけて×、÷を考えよう！

124

2 次の ⬚ にあてはまる数または記号を書いて、問題に答えましょう。

(1) 黒いボールの重さは 300g で、白いボールの重さは黒いボールの重さの 3 倍です。このとき白いボールの重さは何 g ですか。

線分図は右の通りになります。

300 ⬚ 3 = ⬚

より、⬚ g です。

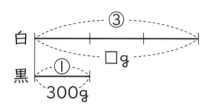

(2) びんにはジュースが 1200mL 入っています。びんに入るジュースの量はコップに入る量の 4 倍です。このとき、コップには何 mL のジュースが入りますか。

線分図は右の通りになります。

1200 ⬚ 4 = ⬚

より、⬚ mL です。

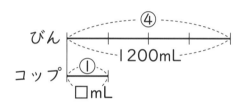

「は」「の」に注意して
倍の関係を読み取りましょう。

つまずきをなくす 説明

 3 色のテープの長さをはかったら、赤いテープは 10m、
青いテープは 30m、緑のテープは 5m だったよ。

青いテープの長さは赤いテープの長さの何倍かな？

 青いテープの長さ 囲は 赤いテープの長さ 囲 何倍かということは、
青＝赤×?の?をもとめるのよね！

 ?＝青÷赤でもとめられるね！
30 ÷ 10 ＝ 3 で、答えは 3 倍だ！

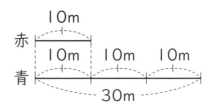

では、緑のテープの長さは赤いテープの長さの何倍かな？

 緑のテープの長さ 囲 赤いテープの長さ 囲 何倍か
ということは、緑＝赤×?だわ。

 ?＝緑÷赤だ！　ということは、5 ÷ 10 で
0.5、あれ？　0.5 倍っておかしいよね？

クマくん、
0.5 倍で
合っているよ！

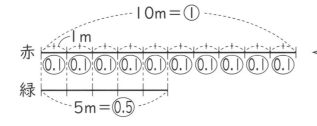

10m＝① とすると
1m はその $\frac{1}{10}$ だから ⓪.①、
5m は ⓪.① が 5 つ分だから
⓪.⑤ と表せるね！

①の長さを 10 等分したもの（⓪.①）の 5 つ分の
長さを 0.5 倍というんだよ！

126

→答えは別冊 22 ページ

赤いテープの長さは 10m、青いテープの長さは 30m、緑のテープの長さは 5m
です。

（1）　青いテープの長さは赤いテープの長さの何倍ですか。

（2）　緑のテープの長さは赤いテープの長さの何倍ですか。

（1）　線分図は右のようになります。

　　青（30m）は赤（10m）の何倍と聞かれて
　　いるので、赤（10m）が 1 にあたる長さです。

　　　30 ÷ 10 = 3

　　より、青は赤の 3 倍になります。

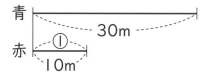

（2）　線分図は右のようになります。

　　緑（5m）は赤（10m）の何倍と聞かれて
　　いるので、赤（10m）が 1 にあたる長さです。

　　（1）と同じように式を立てると、

　　　5 ÷ 10 = 0.5

　　なので、0.5 倍となります。

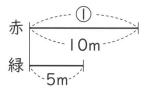

　　このように「〇は□の△倍」という関係は、
　　□を 1 としたときに〇がどれだけにあたるか
　　という意味になります。

　　　小数倍や分数倍というのもあるんだね。

「〇は□の△倍」という関係は
〇=□×△　　△=〇÷□
という式に表されるよ。

3 赤いバケツには 20L、青いバケツには 80L、黄色いバケツには 6L の水が入っています。

(1) 青いバケツに入っている水の量は赤いバケツに入っている水の量の何倍ですか。

(2) 黄色いバケツに入っている水の量は赤いバケツに入っている水の量の何倍ですか。

次の □ にあてはまる数を書いて、問題に答えましょう。

(1) 線分図は右のようになります。
青（80L）は赤（20L）の何倍と聞かれているので、赤（20L）が 1 にあたります。

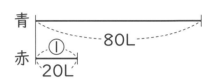

$$\boxed{} \div \boxed{} = \boxed{}$$

より、□ 倍です。

(2) 線分図は右のようになります。
黄（6L）は赤（20L）の何倍と聞かれているので、赤（20L）が 1 にあたります。

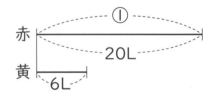

$$\boxed{} \div \boxed{} = \boxed{}$$

より、□ 倍です。

数字の大小ではなく、「○は□の△倍」という言い方に気をつけて式を立てよう！

4 次の ▢ にあてはまる数を書いて、問題に答えましょう。

(1) 黒いボールの重さは 1000g、白いボールの重さは 200g です。黒いボールの重さは白いボールの重さの何倍ですか。

線分図は右のようになります。

1にあたるのは ▢黒・白▢ のボールなので、

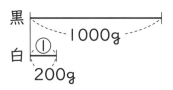

▢ ÷ ▢ = ▢

より、▢ 倍です。

(2) ガラスのコップには 300mL のジュースが、プラスチックのコップには 150mL のジュースが入っています。プラスチックのコップに入っているジュースの量はガラスのコップに入っているジュースの量の何倍ですか。

線分図は右のようになります。

1にあたるのは ▢ガラス・プラスチック▢ の

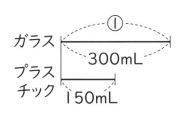

コップなので、

▢ ÷ ▢ = ▢

より、▢ 倍です。

やってみよう

→答えは別冊(べっさつ)23ページ

1 赤いリボンの長さは6mで、白いリボンの長さは赤いリボンの長さの3倍です。白いリボンの長さは何mですか。

（式）

答え：　　　m

2 赤いボールの重さは120gで、これは白いボールの重さの4倍です。白いボールの重さは何gですか。

（式）

答え：　　　g

3 白いリボンの長さは3mで、これは青いリボンの長さの5倍にあたります。青いリボンの長さは何mですか。

（式）

答え：　　　m

4 赤いリボンの長さは 4m、白いリボンの長さは 8m です。赤いリボンの長さは白いリボンの長さの何倍ですか。

（式）

答え：　　　　倍

5 赤いボールの重さは 60g、白いボールの重さは 120g です。白いボールの重さは赤いボールの重さの何倍ですか。

（式）

答え：　　　　倍

6 みかん 1 こは 40 円、りんご 1 こは 100 円です。りんご 1 このねだんはみかん 1 このねだんの何倍ですか。

（式）

答え：　　　　倍

1つの式に表す

関連ページ 「つまずきをなくす小4算数文章題【改訂版】」112〜119ページ

つまずきをなくす説明

1本60円のえんぴつを買いに行きましたが、えんぴつが1本につき5円安くなっていたので660円分のえんぴつを買いました。このときえんぴつを何本買ったかな？

えんぴつ1本のねだんは 60 − 5 = 55（円）で、合計の金がくは 660 円だから、660 ÷ 55 = 12 で 12 本だわ！

そうだね。ではこれを1つの式に書いてもとめるとどうなるかな？

1つの式に書くって、どうやるの？

ことばの式を考えてからあてはめてみよう。

（合計の金がく）÷（1本のねだん）で買った本数が出せるわ。

合計の金がくは 660 円で、1本のねだんは 60 − 5（円）だから、660 ÷ 60 − 5 だ！

本当かな？　これだと 660 ÷ 60 を先に計算することになるよ。

60 − 5 を先に計算したいから、ここに（　）をつけるのね。
1つの式にすると
660 ÷（60 − 5）になるわね！

合計の金がく　1本のねだん　買った本数
$$660 \div (60-5) = 12$$
②　　　　①
答え　12本

ひき算を先にするには
（　）がひつようだよ！

例題 1

たかしさんは 1 本 60 円のえんぴつを買いに行きましたが、この日は 1 本につき 5 円安くなっていたので、660 円分のえんぴつを買いました。たかしさんはえんぴつを何本買いましたか。1 つの式に書いてもとめましょう。

（合計の金がく）÷（1 本のねだん）＝（買った本数）で計算します。

　　660　　　　　　　60 － 5

60 － 5 を先に計算するので、60 － 5 には（　　　）をつけます。

式は 660 ÷（60 － 5）になるので、これを計算して答えは 12 本です。

（　　　）のついた部分を
先に計算するよ

例題 2

花子さんは 1 さつ 80 円のノートを 4 さつ買いました。500 円玉 1 まいでしはらったとき、おつりはいくらですか。1 つの式に書いてもとめましょう。

（出したお金）－（合計の金がく）＝（おつり）で計算します。

　　500　　　　　　80 × 4

80 × 4 を先に計算しますが、ひき算よりもかけ算を先に計算するきまりなので、

80 × 4 に（　　　）をつけるひつようはありません。

式は 500 － 80 × 4 になるので、これを計算して答えは 180 円です。

×、÷は＋、－よりも
先に計算するよ。

┌─────────┐
│   │　の中に、あてはまる数や式を書き、また正しい方を丸でかこみましょう。
└─────────┘

1 さとるさんは 1 本 120 円のボールペンを 8 本買いに行きましたが、この日は 1 本につき 10 円安く売られていました。さとるさんはいくらしはらうとよいですか。1 つの式に書いてもとめましょう。

（1 本のねだん）×（買った本数）＝（しはらうねだん）です。

　　120 － 10　　　　　　8

120 － 10 を先に計算するので、ここに（　　　）を｜ つけます・つけません ｜。

式は ┌─────────────────┐ です。
　　　└─────────────────┘

答えは ┌──────┐ 円になります。
　　　　└──────┘

2 びんにジュースが 1500mL 入っています。ここから 1 人 200mL ずつ、4 人がもらうと、のこったジュースは何 mL ですか。1 つの式に書いてもとめましょう。

（びんに入ったジュース）－（もらったジュース）＝（のこったジュース）です。

　　　　1500　　　　　　　　200 × 4

200 × 4 を先に計算しますが、かけ算はひき算よりも先に計算するので、

（　　　）を｜ つけます・つけなくてよいです ｜。

式は ┌─────────────────┐ です。
　　　└─────────────────┘

答えは ┌──────┐ mL になります。
　　　　└──────┘

134

3 さとみさんは 1000 円を持って買い物に行きました。600 円の本を 1 さつと、80 円のノートを 3 さつ買うと、のこりはいくらですか。1 つの式に書いてもとめましょう。

（はじめに持っていたお金）−（使ったお金）＝（のこったお金）でもとめられます。

1000

使ったお金を 1 つの式で表すと ⌐ ⌐ ⌐ ⌐ ⌐ ⌐ ⌐ ⌐ ⌐ です。

この使ったお金を先に計算するので、この部分に（　　　）を

⌐つけます・つけません⌐ 。

式は ⌐ ⌐ ⌐ ⌐ ⌐ ⌐ ⌐ ⌐ になり、

答えは ⌐ ⌐ ⌐ 円です。

4 10m のリボンから 1.38m のリボン 6 本を切り取ると、のこったリボンの長さは何 m ですか。1 つの式に書いてもとめましょう。

（リボン全体の長さ）−（切り取ったリボンの長さ）＝（のこった長さ）より、

式は ⌐ ⌐ ⌐ ⌐ ⌐ ⌐ ⌐ です。

これを計算すると、答えは ⌐ ⌐ ⌐ m になります。

小数や分数でも計算の
きまりは同じだよ！

やってみよう

→答えは別冊(べっさつ) 23 ページ

1 あきらさんのちょ金箱には 840 円入っています。これから毎日 30 円ずつ 15 日間ちょ金すると、ちょ金箱の中はいくらになりますか。1 つの式に書いてもとめましょう。

（式）

答え：　　　　円

2 びんにジュースが 1800mL 入っていましたが、運ぶとちゅうで 300mL こぼしてしまいました。のこったジュースを 6 人で等しく分けると、ジュースを 1 人何 mL ずつもらえますか。1 つの式に書いてもとめましょう。

（式）

答え：　　　　mL

3 はるかさんは 1000 円を持って買い物に行きました。1 こ 80 円のじゃがいもを 4 こと、1 こ 60 円のたまねぎを 3 こ買うと、のこったお金はいくらですか。1 つの式に書いてもとめましょう。

（式）

答え：　　　　　　円

★4 A 町から B 町までの道のりは 1.74km、B 町から C 町までの道のりは 2.38km あります。A 町と C 町のちょうど真ん中の地点に公園があります。A 町から公園までの道のりは何 km ですか。1 つの式に書いてもとめましょう。

（式）

答え：　　　　　　km

小数でも整数のときと
同じように式を立てられるよ！

およその数の利用

関連ページ 「つまずきをなくす小4算数文章題【改訂版】」62〜69ページ

つまずきをなくす説明

東町の人口と西町の人口を調べたら、東町は738294人、西町は312534人だったよ。

東町の人口は西町の人口よりおよそ何万人多いかな？

738294 − 312534 = 425760
だから、千の位を四捨五入しておよそ43万人だね！

そのやり方でもいいけど
先に万の位までのがい数にしてから計算してもいいよ。

四捨五入すると、東町の人口はおよそ74万人、西町の人口はおよそ31万人だから、74万 − 31万 = 43万で、およそ43万人だわ。

万の位
73⋮8294 ⇨ およそ 74万人
+1　切り上げ

31⋮2534 ⇨ およそ 31万人
切り捨て

がい数にしてから計算した方がずっとかんたんだね！

2⋮83 ⇨ およそ 300円
+1　切り上げ

3⋮2 ⇨ およそ 30本
切り捨て

じゃあ1本283円のペンを32本買うとおよそ何円かな。上から1けたのがい数でもとめてみてね。

先に上から1けたのがい数にしてもいいんだね！　283円はおよそ300円、32本はおよそ30本だから、300 × 30 = 9000でおよそ9000円だ！

→答えは別冊 24 ページ

例題 1

東町の人口は 738294 人、西町の人口は 312534 人です。東町の人口は西町の人口よりおよそ何万人多いですか。四捨五入をしてもとめましょう。

「およそ何万人」と聞かれているので、万の位までのがい数で答えます。

738294 − 312534 を計算してからがい数にしても答えは出ますが、先に万の位までのがい数にしてから計算した方が速いです。

四捨五入により万の位までのがい数にすると、

東町の人口 738294 人→ 74 万人、

西町の人口 312534 人→ 31 万人

なので、東町の人口の方が 74 万 − 31 万 = 43 万で、およそ 43 万人多いことがわかります。

実さいには 738294 − 312534 = 425760（人）で、およそ 43 万人になるよ。

例題 2

1 本 283 円のペンを 32 本買うとおよそいくらになりますか。四捨五入をして上から 1 けたのがい数で答えましょう。

これも先に上から 1 けたのがい数にしてから計算します。

ペン 1 本 283 円→およそ 300 円

ペンの本数 32 こ→およそ 30 本

なので、300 × 30 = 9000 となり、答えはおよそ 9000 円です。

実さいには 283 × 32 = 9056（円）で、およそ 9000 円だよ。

[   ] の中に、あてはまる数を書き、また正しいものを丸でかこみましょう。

1 ある市の人口は、男性が 363822 人、女性が 338309 人です。この市全体の人口はおよそ何万人ですか。四捨五入をしてもとめましょう。

「およそ何万人」と聞かれているので、先に [   ] の位までのがい数にしてから計算します。四捨五入すると、

男性 363822 人→およそ [   ] 万人

女性 338309 人→およそ [   ] 万人

なので、この市の人口は [   ] 万 ＋ [   ] 万 ＝ [   ] 万より、

およそ [   ] 万人です。

実さいに計算してみると、

363822 ＋ 338309 ＝ 702131（人）→およそ [   ] 万人

となり、たしかに同じになります。

2 たかしさんは毎日 185mL 入りの牛にゅうを 1 本飲みます。3 月の 1 か月間にたかしさんが飲む牛にゅうは約何 mL ですか。四捨五入をして上から 1 けたのがい数で答えましょう。

先に四捨五入で上から 1 けたのがい数にすると、

牛にゅう 185mL →約 [   ] mL

3 月は 31 日間→約 [   ] 日

なので、[   ] × [   ] = [   ] より、約 [   ] mL です。

実さいには 185 × 31 = 5735（mL）→約 [   ] mL で同じになります。

3 185 円のプリンと、290 円のショートケーキと、330 円のモンブランを 1 こずつ買いたいと思います。このとき、持っていくお金について春子さん、夏子さん、秋子さんは次のように考えました。

春子さん：切り捨てて考えると 100 + 200 + 300 = 600 で約 600 円だから、600 円持っていくといいわ。

夏子さん：切り上げると 200 + 300 + 400 = 900 で約 900 円だから、900 円持っていくといいわ。

秋子さん：四捨五入すると 200 + 300 + 300 = 800 で約 800 円だから、800 円持っていくといいわ。

3 人のうち、正しい考え方をしているのはだれでしょうか。

3 つのものをすべて買うためには、お金は多めに持っていくひつようがあります。

多めに見つもるには 切り捨て・切り上げ・四捨五入 で考えるので、

春子さん・夏子さん・秋子さん の考え方が正しいといえます。

実さいに計算してみると、185 + 290 + 330 = [   ] 円なので、他の
2 人の考え方だとお金がたりなくなってしまいます。

→答えは別冊 24 ページ

1 ある品物を工場A、Bの2つで作っています。1か月に作ることのできるこ数は、工場Aは178074こ、工場Bは330643こです。

(1) 1か月に作ることのできる品物のこ数は、工場A、B合わせて約何万こですか。四捨五入をしてもとめましょう。

（式）

答え： 約　　　　　万こ

(2) 工場Bは工場Aより1か月で約何万こ多くの品物を作ることができますか。四捨五入をしてもとめましょう。

（式）

答え： 約　　　　　万こ

2 あるボール 38 こをはかりの上にのせたところ、8094g でした。このボール 1 こ の重さは約何 g ですか。四捨五入をして上から 1 けたのがい数でもとめましょう。

（式）

答え： 約   g

★3 さとるさんは 1 本 104 円のボールペンを 22 本買うのに、次のように考えました。
「上から 1 けたのがい数で考えると約 100 円が約 20 本で、
100 × 20 ＝ 2000 だから 2000 円持っていけばいいぞ。」
この考え方が正しくない理由を次のように説明しました。次の   の中から正しいものをそれぞれえらびましょう。

えんぴつのねだんをがい数にするときには 切り上げ・切り捨て 、えんぴつ

の本数をがい数にするときには 切り上げ・切り捨て をしており、実さいのね

だんは 100 × 20 ＝ 2000（円）よりも 高く・安く なってしまうので、

2000 円を持っていくと たりなくなってしまいます・あまってしまいます 。

買い物をするときには、お金を多めに
持っていくひつようがあるね。

□を使った式

関連ページ 「つまずきをなくす小3算数文章題【改訂版】」89〜95ページ
「つまずきをなくす小4算数文章題【改訂版】」120〜123ページ

つまずきをなくす説明

260円のケーキと □ 円のプリンを買うと420円になりました。
この関係を □ を使った式で表すとどうなるかな？

132ページのようにことばの式を考えて
からあてはめるとよさそうだわ！

$$\boxed{\begin{array}{c}\text{ケーキ1この}\\\text{ねだん}\end{array}} \quad + \quad \boxed{\begin{array}{c}\text{プリン1この}\\\text{ねだん}\end{array}} \quad = \quad \boxed{\begin{array}{c}\text{合計の}\\\text{ねだん}\end{array}}$$

$$260\,円 \quad + \quad \boxed{}\,円 \quad = \quad 420\,円$$

260 + □ = 420 という式になるわ。

その通りだね。ではプリンはいくらかな？

線分図に表すと下のようになるね。

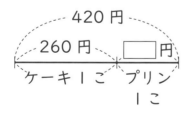

ということは □ = 420 − 260 で求められるわ。
プリンのねだんは160円ね！

144

例題1

まゆみさんは 260 円のケーキを 1 ことプリンを 1 こ買ったところ、ねだんは 420 円になりました。プリン 1 このねだんを □ 円として、□ を使った式で表しましょう。またプリン 1 こはいくらになるかもとめましょう。

次のような関係になるので、ここにわかっている数字と □ をあてはめます。

（ケーキ 1 このねだん）＋（プリン 1 このねだん）＝（合計のねだん）
　　　260 円　　　　　　　　　　□ 円　　　　　　　　　420 円

□ を使った式で表すと、260 ＋ □ ＝ 420 になります。

この関係を線分図で表すと右のようになるので、

□ は 420 － 260 ＝ 160 （円）と計算できます。

例題2

120 本のえんぴつを何人かで分けたところ、1 人 8 本ずつにちょうど分けられました。人数を □ 人として、□ を使った式に表しましょう。また人数が何人になるかもとめましょう。

（合計の本数）÷（分けた人数）＝（1 人分の本数）にあてはめます。
　　120 本　　　　　□ 人　　　　　　8 本

□ を使った式は、120 ÷ □ ＝ 8 です。

線分図に表すと右のようになるので、

□ は 120 ÷ 8 ＝ 15 （人）と計算できます。

1 たろうさんは何円か持って買い物に行きました。840 円の本を買ったところ、のこったお金は 340 円でした。たろうさんがはじめに持っていたお金を ☐ 円として、☐ を使った式に表しましょう。また ☐ にあてはまる数と記号を答えましょう。

（はじめに持っていたお金）－（本のねだん）＝（のこったお金）より、

☐ を使った式は ┌─────────────┐ です。

この ☐ は 840 ☐ 340 で計算できるので、

☐ ＝ ┌──────┐ です。

2 かなさんは 1200 円を持って買い物に行きました。本を 1 さつ買ったところ、のこったお金は 660 円でした。本のねだんを ☐ 円として、☐ を使った式に表しましょう。また ☐ にあてはまる数と記号を答えましょう。

（はじめに持っていたお金）－（本のねだん）＝（のこったお金）より、

☐ を使った式は ┌─────────────┐ です。

この ☐ は 1200 ☐ 660 で計算できるので、

☐ ＝ ┌──────┐ です。

3 リボンを 8 人で分けたところ、1 人 40cm ずつもらうことができました。もとのリボンの長さを ☐ cm として、☐ を使った式に表しましょう。また ☐ にあてはまる数と記号を答えましょう。

（もとのリボンの長さ）÷（人数）＝（1 人分のリボンの長さ）より、

☐ を使った式は ☐ です。

この ☐ は 40 ☐ 8 で計算できるので、

☐ ＝ ☐ です。

4 240cm のリボンを何人かで分けたところ、1 人 8cm ずつもらうことができました。人数を ☐ 人として、☐ を使った式に表しましょう。また ☐ にあてはまる数と記号を答えましょう。

（もとのリボンの長さ）÷（人数）＝（1 人分のリボンの長さ）より、

☐ を使った式は ☐ です。

この ☐ は 240 ☐ 8 で計算できるので、

☐ ＝ ☐ です。

やってみよう

→答えは別冊(べっさつ) 25 ページ

1 兄の体重は 36kg です。兄と弟がいっしょに体重計にのったところ、体重計は 63kg を指しました。弟の体重を □ kg として、□ を使った式に表しましょう。また □ にあてはまる数を答えましょう。

(□ を使った式)

(□ のもとめ方)

答え：

2 びんにジュースが入っています。このジュースのうち 350mL を飲んだところ、のこりは 1350mL になりました。はじめにびんに入っていたジュースを □ mL として、□ を使った式に表し、□ にあてはまる数を答えましょう。

(□ を使った式)

(□ のもとめ方)

答え：

3 1こ74円のじゃがいもを何こか買うと、962円でした。じゃがいもを □ こ買ったとして、□ を使った式に表しましょう。また □ にあてはまる数を答えましょう。

(□ を使った式)

(□ のもとめ方)

答え：

★4 6mのリボンを同じ長さに切り分けると、12本できました。リボンを □ m ずつに切り分けたとして、□ を使った式に表しましょう。また □ にあてはまる数を答えましょう。

(□ を使った式)

(□ のもとめ方)

答え：

4は12÷6ではないよ。ことばの式を考えてから □ を使った式にしよう！

表に整理する問題

関連ページ 「つまずきをなくす小3算数文章題【改訂版】」96〜103ページ
「つまずきをなくす小4算数文章題【改訂版】」124〜131ページ

つまずきをなくす説明

 ぼくたち、学校のみんなが
どこでどんなけがをしたか
調べました！

 よくがんばったね！
記ろくをわかりやすく
表にまとめてみよう！

 どういう表にまとめたら
いいの？

 ①けがをした場所と②けがのしゅるいの
2つのことがらについて調べたのだから、
場所については横に、しゅるいについて
はたてに整理するとわかりやすいよ！

教室でけがをした人数
は「教室」の列に書き
こもう

すりきずのけがをした
人数は「すりきず」の
行に書きこもう

ねんざをした人数は
「ねんざ」の行に書き
こもう

けがをした場所は横に整理しよう

	教室	ろう下	体育館	校庭	合計
すりきず	たてにけがのしゅるいは整理しよう				
切りきず					
打ぼく					
ねんざ					
その他					
合計					

	教室	ろう下	体育館	校庭	合計
すりきず	5	3	0	6	14
切りきず					

すりきずのけがをした人が
全部で5＋3＋0＋6＝
14（人）だったので、こ
こに14と書いたよ！

教室ですりきずのけがをした人が5人だったら、「すりきず」の行と「教室」の列が
交わったところに、5と書こう！

ろう下で打
ぼくした人
数は、ここ
だね！

	教室	ろう下	体育館	校庭	合計
すりきず	5	3	0	6	14
切りきず	1	0	2	4	7
打ぼく	1	3	6	3	13
ねんざ	0	0	7	4	11
その他	2	1	4	3	10
合計	9	7	19	20	55

体育館でね
んざをした
人数は、こ
こだよ！

調べた人数
の合計は、
ここに書こ
う

教室でけがをした人数の合計は、ここに書くよ

左のページでクマくんが作った、けがをした場所とけがのしゅるいに関する表について、次の問いに答えましょう。

(1) 校庭で打ぼくした人は何人ですか。

(2) 体育館でけがをした人は何人ですか。

(3) どこでどのようなけがをした人が一番多いでしょうか。

(1) 表の横で「校庭」と書かれた列と、たてで「打ぼく」と書かれた行が交わったところの数字を見ると、3人とわかります。

	教室	ろう下	体育館	校庭	合計
すりきず	5	3	0	6	14
切りきず	1	0	2	4	7
打ぼく	1	3	6	3	13
ねんざ	0	0	7	4	11
その他	2	1	4	3	10
合計	9	7	19	20	55

(2) 同じように、横で「体育館」と書かれた列と、たてで「合計」と書かれた行が交わったところの数字を見ると、19人です。

	教室	ろう下	体育館	校庭	合計
すりきず	5	3	0	6	14
切りきず	1	0	2	4	7
打ぼく	1	3	6	3	13
ねんざ	0	0	7	4	11
その他	2	1	4	3	10
合計	9	7	19	20	55

(3) 合計以外の行、列に書かれた数字で一番大きい7と書かれたところを読むと、「体育館」で「ねんざ」をした人が一番多いことがわかります。

	教室	ろう下	体育館	校庭	合計
すりきず	5	3	0	6	14
切りきず	1	0	2	4	7
打ぼく	1	3	6	3	13
ねんざ	0	0	7	4	11
その他	2	1	4	3	10
合計	9	7	19	20	55

→答えは別冊 25 ページ

[ ] の中に、あてはまる数や言葉を書きましょう。

1 ある中学校の全校生徒に春、夏、秋、冬の中で一番すきな季節がどれかを聞いたところ、下の表のようになりました。

	春	夏	秋	冬	合計
1年生	45	38	26	33	142
2年生	37	42	30	35	144
3年生	35	39	28	36	138
合計	117	119	84	104	424

この表について、次の [ ] にあてはまる数または言葉を答えましょう。

(1) 冬が一番すきな2年生は、2年生と書かれた行と冬と書かれた列が交わったところの数字を見て、[ ] 人いることがわかります。

(2) 夏が一番すきな生徒は中学校全体で [ ] 人です。

(3) この中学校の生徒の中で一番多いのは [ ] 年生です。

(4) 3年生が一番すきな季節で一番多いのは [ ] です。

(5) この中学校の全校生徒数は [ ] 人です。

2 ある小学校の4年1組で、国語と算数それぞれについてすきかきらいかを調べたところ、右の表のようになりました。

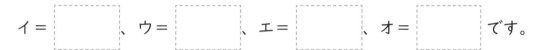		算数		
		すき	きらい	合計
国語	すき	14	ア	24
	きらい	イ	5	ウ
	合計	エ	オ	38

(1) 表のア～オにあてはまる数を考えましょう。

アは、国語がすきな人の行を見ると、14 ＋ ア ＝ 24 になることから、

☐ とわかります。

同じように考えていくと、

イ ＝ ☐ 、ウ ＝ ☐ 、エ ＝ ☐ 、オ ＝ ☐ です。

わかるものから順に入れていこう！

(2) 国語がすきで算数がきらいな人は ☐ 人です。

(3) 国語がすきな人と、算数がすきな人ではどちらが何人多いでしょうか。

国語がすきな人は ☐ 人、算数がすきな人は ☐ 人なので、

☐ がすきな人の方が ☐ 人多いです。

表のどこを見ればいいか
わかったかな？

正方形の辺の数は4本
だから、まわりの長さは
1×4＝4で、4cm。

クマくん、1辺の長さが1cmの
正方形のまわりの長さは何cmかな？

よくできたね。じゃあ
1辺の長さが2cmだったら
まわりの長さはどうなるかな？

2×4だから、8cm。

1辺の長さがかわるとまわりの長さもかわ
っているね。このように、ともなってかわ
る2つの量の関係を表にまとめてみよう！

1辺の長さ（cm）	1	2	3	4	5	6
まわりの長さ（cm）	4	8	12	16	20	24

正方形の1辺の長さを○cm、まわりの長さを□cm
とすると、○と□の間にはどんな関係があるかな？

1×4＝4、2×4＝8、3×4＝12、… 正方形のまわりの長さは、
いつでも1辺の長さの4倍になっているわ！

それじゃあ、○と□の間には○×4＝□にという式がなり立っている
ね！

4÷1＝4、8÷2＝4、12÷3＝4、… まわりの長さを1辺の長
さでわると、商はいつでも4だわ。□÷○＝4ね。

このような式を立てておくと、表には書いていない長さでも
計算して出せるよ。たとえばまわりの長さが48cmの正方
形の1辺の長さは何cmかな？

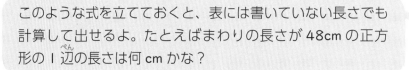

□＝48cmだから○×4＝48という式がなり立つね。
○＝48÷4＝12で、1辺の長さは12cmだ！

→答えは別冊 25 ページ

1 辺の長さが〇 cm である正方形のまわりの長さを □ cm として、次の問いに答えましょう。

(1) 〇と □ の間になり立つ関係を式に表しましょう。

(2) まわりの長さが 72cm の正方形の 1 辺の長さは何 cm ですか。

---

(1) 1 辺の長さとまわりの長さの関係を調べてみます。

1 辺の長さ

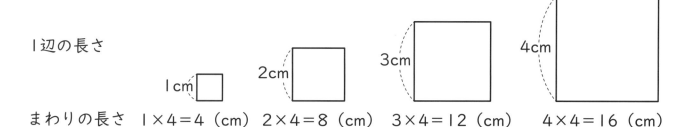

まわりの長さ　1×4=4（cm）　2×4=8（cm）　3×4=12（cm）　4×4=16（cm）

この結果を表にまとめると、下の表のようになります。

1 辺の長さ（cm）	1	2	3	4	5	6
まわりの長さ（cm）	4	8	12	16	20	24

この表を見ると、1 辺の長さを 4 倍したものがまわりの長さになることから、1 辺の長さ〇 cm と正方形のまわりの長さ □ cm との間には、〇×4 = □ という関係があることがわかります。

他にも □ =〇× 4、□ ÷〇= 4 などの表し方があるよ！

(2) (1) の関係で □ = 72 のときです。

〇× 4 = 72 より、〇= 72 ÷ 4 = 18 なので、18cm です。

(1) で式に表したことで、かんたんにもとめられるようになったね！

→答えは別冊 25、26 ページ

_____ の中に、あてはまる数や式を書きましょう。

3 まわりの長さが 40cm である長方形のたての長さを○ cm、横の長さを ▢ cm として、○と ▢ の間になり立つ関係を調べてみましょう。

(1) たての長さと横の長さの合計は ▢ cm です。

(2) たての長さと横の長さの関係を調べた下の表について、空いている部分に数を入れましょう。

たての長さ（cm）	1	2	3	4	5	6
横の長さ（cm）						

(3) たての長さを○ cm、横の長さを ▢ cm とするとき、○と ▢ の間になり立つ関係を式に表すと、 ▢ です。

(4) この長方形のたての長さが 13cm のとき、横の長さは ▢ cm です。

(5) この長方形の横の長さが 9cm のとき、たての長さは ▢ cm です。

4 １本のリボンを○回切ったとき、□本に分けられるとして、○と□の間になり立つ関係を調べてみましょう。

(1) 切った回数と分けられた本数を下の表のようにまとめました。空いている部分に入る数を答えましょう。

切った回数（回）	1	2	3	4	5	6
分けられた本数（本）						

(2) ○回切ったとき、□本に分けられるとして、○と□の間になり立つ関係を式に表すと、　　　　　　　　　となります。

(3) １本のリボンを 20 回切ると、リボンは　　　　本に分けられます。

5 １辺の長さが○ cm の正三角形のまわりの長さが□ cm であるとして、○と□の間になり立つ関係を調べてみましょう。

(1) １辺の長さとまわりの長さの関係を下の表のようにまとめました。空いている部分に入る数を答えましょう。

1辺の長さ（cm）	1	2	3	4	5	6
まわりの長さ（cm）						

(2) １辺の長さが○ cm の正三角形のまわりの長さが□ cm であるとして、○と□の間になり立つ関係を式に表すと、　　　　　　　　　となります。

(3) まわりの長さが 31.5cm である正三角形の１辺の長さは　　　　cm です。

やってみよう

→答えは別冊 26 ページ

1 ある小学校の 4 年 2 組の 36 人に、犬とねこをかっているかどうかを聞いたところ、次のことがわかりました。

・犬をかっている人は 16 人、ねこをかっている人は 14 人でした。

・犬、ねこのどちらもかっていない人は 12 人でした。

これについて、次の問いに答えましょう。

(1) このことと合うように、下の表の空いている部分に数字を入れましょう。

		犬		
		かっている	いない	合計
ねこ	かっている			
	いない			
	合計			

(2) 犬とねこの両方をかっている人は何人いますか。

答え：　　　　　　　人

(3) 犬だけをかっている人と、ねこだけをかっている人ではどちらが何人多いですか。

答え：　　　　だけをかっている人が　　　　人多い。

2 下の図のように 1 辺の長さが 1cm の正方形をあるきまりにしたがってならべました。

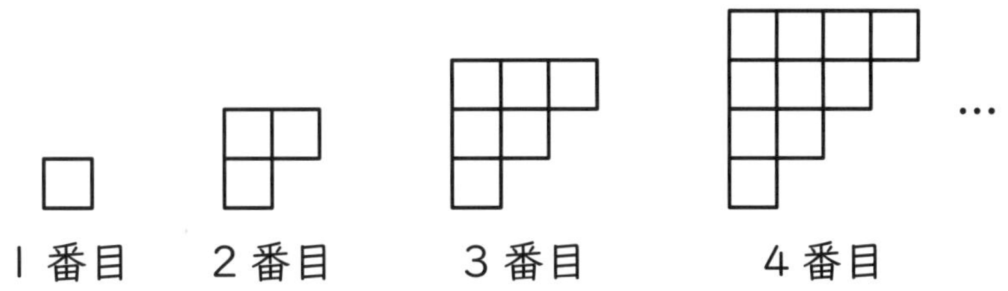

1番目   2番目   3番目   4番目

これについて、次の問いに答えましょう。

(1) それぞれの図形のまわりの長さについて、下の表の空いている部分に数字を入れましょう。

番目	1	2	3	4	5	6
まわりの長さ（cm）						

(2) ○番目の図形のまわりの長さを ☐ cm とするとき、○と ☐ の関係を式に表しましょう。

答え：

(3) まわりの長さが 100cm になるのは何番目の図形ですか。

答え：　　　　番目

同じ部分に注目して考える問題

関連ページ 「つまずきをなくす小4算数文章題【改訂版】」106〜109ページ

つまずきをなくす説明

 みかんとりんごを1こずつ買うと140円で、りんご1こはみかん1こより60円高いらしいんだけど、みかん1こは何円なのかな？

 こういうときは、みかん1ことりんご1このねだんの関係を線分図で表してみるといいよ。

 りんごがみかんよりも高いのだから、りんごのねだんを表す線の方を長くするといいね。

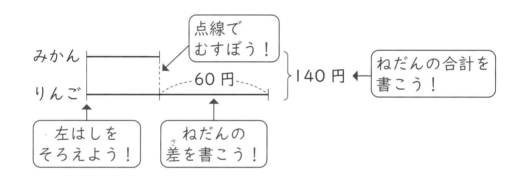

点線でむすぼう！

ねだんの合計を書こう！

左はしをそろえよう！

ねだんの差を書こう！

 りんごの方が60円とび出ているわ！　このとび出た部分がなければ同じ長さの線が2本になるのにな……。

 いいことに気づいたね！　このじゃまなとび出た部分をとってしまったらどうかな？

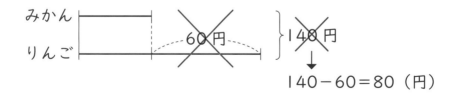

140 − 60 ＝ 80（円）

 とび出た60円をとると、みかん1こ分の線が2本と同じことになるね！
2こ分のねだんが140 − 60 ＝ 80で、80円だから、
みかん1こは80 ÷ 2 ＝ 40で、40円だ！

→答えは別冊 26 ページ

みかん 1 ことりんご 1 こを買うと 140 円です。またりんご 1 このねだんは、みかん 1 このねだんより 60 円高いそうです。みかん 1 ことりんご 1 このねだんはそれぞれ何円ですか。

この関係を線分図に表すと次のようになります。

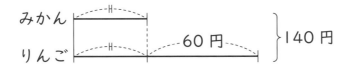

図のしるし（　⌢\|⌢　）のついた部分（みかん 2 こ分）が 140 − 60 = 80 （円）とわかるので、みかん 1 こは 80 ÷ 2 = 40 で 40 円、りんご 1 こは 40 + 60 = 100 で 100 円です。

次のように「りんご」にそろえてとくこともできます。

図のしるし（　⌣\|⌣　）のついた部分（りんご 2 こ分）が 140 + 60 = 200 （円）なので、りんご 1 こは 200 ÷ 2 = 100 で 100 円、みかん 1 こは 100 − 60 = 40 で 40 円です。

→答えは別冊 26 ページ

　　　　　　の中に、あてはまる数を書きましょう。

1 大きいボールと小さいボールがあります。この 2 つのボールをはかりにのせると、重さは 280g でした。また大きいボールの重さは小さいボールの重さより 120g 重いそうです。大きいボール、小さいボールの重さはそれぞれ何 g ですか。

線分図に表すと次のようになります。

このとき、図の　　　　の部分は

　　　　　　－　　　　　　＝　　　　　　（g）にあたります。

これは　　　　　　ボール　　　　　この重さと同じなので、小さいボール 1 この重さは

　　　　　　÷　　　　＝　　　　　

より、　　　　　　g です。

また、大きいボールの重さは

　　　　　　＋　　　　　　＝　　　　　

より、　　　　　　g とわかります。

2 赤いリボンと青いリボンがあり、赤いリボンは青いリボンよりも1m40cm 長いです。また、2本のリボンをまっすぐつなぐと、全体の長さは7mになりました。赤いリボン、青いリボン1本の長さはそれぞれ何m何cmですか。

長さの単位をcmにそろえてから考えよう！

1m40cm = ⬚ cm、7m = ⬚ cm なので、これを線分図に表すと次のようになります。

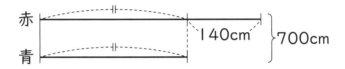

このとき、図の ⌒╫⌒ の部分は

⬚ − ⬚ = ⬚ （cm）にあたります。

これは ⬚ リボン ⬚ 本の長さと同じなので、青いリボン1本の長さは、

⬚ ÷ ⬚ = ⬚ （cm）

より、⬚ m ⬚ cm です。

また、赤いリボン1本の長さは、

⬚ + ⬚ = ⬚ （cm）

より、⬚ m ⬚ cm

とわかります。

→答えは別冊 26、27 ページ

1 プリンとケーキを 1 こずつ買うと 380 円です。またプリン 1 このねだんは、ケーキ 1 このねだんより 140 円安いそうです。プリン 1 このねだんは何円ですか。

（線分図）	（式）

答え：　　　　　　　円

2 たまねぎ 1 ことにんじん 1 本を買うと 152 円です。またにんじん 1 本のねだんはたまねぎ 1 このねだんより 16 円高いそうです。にんじん 1 本のねだんは何円ですか。

（線分図）	（式）

答え：　　　　　　　円

3 赤いボールと白いボールを1こずつはかりにのせて重さをはかると270gでした。また赤いボール1この重さは白いボール1この重さより20g軽いそうです。赤いボール1この重さは何gですか。

（線分図）　　　　　　　　　（式）

答え：　　　　　g

4 6mのリボンを2つに切り分け、姉と妹の2人で分けたところ、姉がもらった長さは妹がもらった長さより80cm短くなりました。妹がもらったリボンの長さは何m何cmですか。

（線分図）　　　　　　　　　（式）

答え：　　　m　　　cm

ちがいに注目して考える問題

関連ページ 「つまずきをなくす小4算数文章題【改訂版】」106〜109ページ

つまずきをなくす説明

 みかん2ことりんご3こを買うと350円で、みかん2ことりんご5こを買うと530円になるよ。りんごは1こいくらなのかな?

 2通りの買い方で何か同じところはあるかな?

どちらもみかんの数が2こだわ!

 その通り! じゃあ何がちがっているかな?

 りんごの数が1回目は3こ、2回目は5こだから5 − 3 = 2で、2こちがうぞ。

 金がくも1回目は350円、2回目は530円だから530 − 350 = 180で、180円ちがうわ!

同じところ、ちがうところがハッキリわかるように図にかいてみよう。

1回目   …350円

2回目   …530円

  …180円

上下にならべるとわかりやすいよ

 りんご2こ分の金がくが180円だね!

 ということは、りんご1このねだんは180 ÷ 2だから、90円ね!

166

→答えは別冊 27 ページ

例題1

> ある店でみかん 2 ことりんご 3 こを買うと 350 円です。また、同じ店でみかん 2 ことりんご 5 こを買うと 530 円になります。このとき、みかん 1 ことりんご 1 こはそれぞれいくらですか。

2 通りの買い方が書かれているので、これを図にしてみます。

ここがちがっている!!

この 2 つをくらべると、みかんのこ数は 2 こずつで同じですが、りんごのこ数が 5 − 3 = 2 こちがっていることがわかります。

ねだんは 530 − 350 = 180 より、180 円ちがっているので、この 180 円はりんご 2 こ分のねだんとわかります。

このことから、りんご 1 このねだんは 180 ÷ 2 = 90 より、90 円です。

また 1 回目の買い方から、みかん 2 こ分は 350 − 90 × 3 = 80（円）となるので、みかん 1 このねだんは 80 ÷ 2 = 40 より、40 円です。

いつも絵をかいているとたいへんなので、これからは次のようにみかんを㋯、りんごを㋷などとかくことにします。

$$
\begin{array}{lll}
㋯㋯ & ㋷㋷㋷ & 350\ 円 \\
㋯㋯ & ㋷㋷㋷㋷㋷ & 530\ 円 \\
\hline
 & ㋷㋷ & 180\ 円
\end{array}
$$

→答えは別冊 27、28 ページ

の中に、あてはまる数や言葉を書きましょう。

1 ある店でプリン 3 ことシュークリーム 4 こを買うと 1030 円です。またこの店でプリン 5 ことシュークリーム 4 こを買うと 1290 円になります。このとき、プリン 1 ことシュークリーム 1 こはそれぞれいくらですか。

2 通りの買い方をくらべると、

［＿＿＿＿＿＿］ の数は同じで ［＿＿］ こ

［＿＿＿＿＿＿］ の数が ［＿＿］ － ［＿＿］ ＝ ［＿＿］ で、［＿＿］ こちがいます。

ねだんは ［＿＿＿＿＿］ － ［＿＿＿＿＿］ ＝ ［＿＿＿＿＿］ で、［＿＿＿＿］ 円ちがいます。

プリンを⑦、シュークリームを⑨のようにかいて図に整理してみよう！

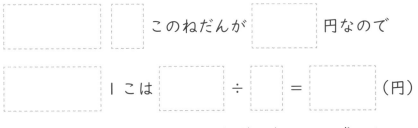

［＿＿＿＿＿＿＿＿＿］ このねだんが ［＿＿＿＿＿］ 円なので

［＿＿＿＿＿＿＿＿＿］ 1 には ［＿＿＿＿＿］ ÷ ［＿＿＿］ ＝ ［＿＿＿＿＿＿］（円）

また、シュークリーム 1 このねだんを 1 つの式にかいてもとめると、

（［＿＿＿＿＿］ － ［＿＿＿＿＿］ × ［＿＿＿］ ）÷ ［＿＿＿］ ＝ ［＿＿＿＿＿＿］（円）となります。

2 かごにりんごを 4 こ入れて重さをはかると 1040g、このかごにりんごを 7 こ入れて重さをはかると 1520g になりました。りんご 1 この重さはどれも同じだとすると、かごの重さとりんご 1 この重さはそれぞれ何 g ですか。

かごを⑰、りんごを⑰として図に表してみましょう。

りんごが ☐ － ☐ ＝ ☐ で、☐ こちがうと

重さが ☐ － ☐ ＝ ☐ より、☐ g ちがっています。

このことから、りんご 1 この重さは

☐ ÷ ☐ ＝ ☐ より、☐ g です。

また、かごの重さは

☐ － ☐ × ☐ ＝ ☐ より、☐ g

となります。

図にかいてからちがいに注目して考えよう！

1 ある店でじゃがいも 3 ことたまねぎ 2 こを買うと 280 円です。またこの店で じゃがいも 3 ことたまねぎ 4 こを買うと 380 円になります。じゃがいも 1 こ はいくらですか。

（式・図など）図をなぞってからときましょう。

じ じ じ　　た た　　　　　 280 円
じ じ じ　　た た た た　　　 380 円
————————————————————————————
　　　　　　た た　　　　 100 円

答え：　　　　　 円

2 ある店でえんぴつ 6 本とノート 3 さつを買うと 480 円です。またこの店でえ んぴつ 9 本とノート 3 さつを買うと 570 円になります。えんぴつ 1 本はいく らですか。

（式・図など）えんぴつを㋐、ノートを㋩として図をかいてみよう！

答え：　　　　　 円

170

3 赤いボールと白いボールがたくさんあり、同じ色のボールはすべて同じ重さです。赤いボール 4 こと白いボール 7 この重さは 740g、赤いボール 4 こと白いボール 9 この重さが 860g のとき、赤いボール 1 こは何 g ですか。

（式・図など）

答え：　　　　　　　 g

4 かごにボールを 6 こ入れると 600g です。また、このかごにボールを 10 こ入れると 760g です。このとき、ボール 1 この重さは何 g ですか。ただしボールの重さはすべて同じです。

（式・図など）

答え：　　　　　　　 g

Chapter 3

図形問題

関連ページ 「つまずきをなくす小4・5・6 算数平面図形」14〜21ページ

つまずきをなくす説明

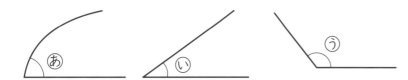

あ〜うの中から
角をえらんでみよう。

いとう！

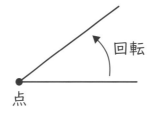
点　回転

正かい！　角は１つの点を
中心にして直線を回転させた
ときにできる図形なんだ。
角の大きさを角度というよ！

角度の大きさは
どう表すの？

角度の単位には「°（度）」を使うよ。

直線が回転していないときが0°、
ぐるっと回って一直線になったときの
角度を180°、180°を180等分した
１つの大きさを1°と決めたんだよ。

角度の単位は「°（度）」

180°

数字の右上に
小さく書こう！

点　0°

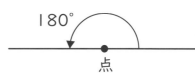
直線の角度は180°
180°
点

ところで直角は
何度だと思う？

直角を２つ合わせると
直線の角度になるわ！
ということは、180÷2だから90°ね！

直角は90°
90°　90°

その通り！
角度は分度器という
道具ではかれるよ！

→答えは別冊 30 ページ

例題1

右の図の角度を分度器ではかりましょう。

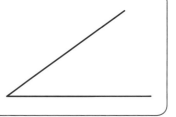

ぶんどき
分度器で角度をはかるには、

①角の頂点に分度器の中心を当てます。

②辺の1つを0°の目もりに合わせます。

③もう1つの辺が重なった目もりをよみます。

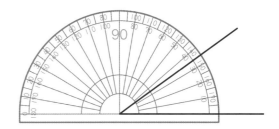

図の部分の目もりをよんで、35°です。

例題2

右の図で、アの部分が140°になる
ように角をかきましょう。

ア イ

ぶんどき
分度器を使って角をかくには、

①アを分度器の中心、直線アイを0°の目もりの線に合わせます。

②目もりの140°のところに点をかきます。

③アと②でかいた点を直線でむすびます。

①

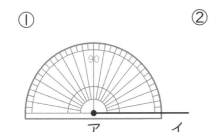

②

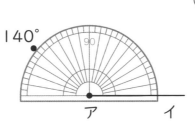

③

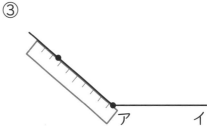

→答えは別冊 30 ページ

の中に、あてはまる数を書きましょう。

1 右の図の角（あ）の大きさを
分度器ではかりましょう。

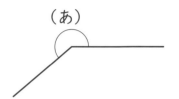

180°より大きい角をはかる方法は 2 通りあります。

①図のように、直線アイをのばして考えてみます。

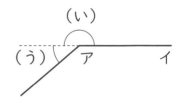

このとき、（い）の部分の角の大きさは ⬚ °。

また、（う）の角の大きさを分度器ではかると ⬚ °。

になるので、角（あ）の大きさは、

⬚ ＋ ⬚ ＝ ⬚

より、 ⬚ °になります。

②図の（え）の角の大きさを分度器ではかると

⬚ °です。

（あ）の角と（え）の角の大きさの和は ⬚ °なので、

角（あ）の大きさは

⬚ － ⬚ ＝ ⬚

より、 ⬚ °になります。

2 右の図でアの部分が矢印の向きに
300°になる角をかきましょう。

180°より大きい角をかく方法は2通りあります。

① 300° = 180° + [ ]° と2つに分けて

考えます。

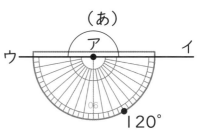

右のように直線アイをのばすと、（あ）の角の大きさが

[ ]°なので、アを中心にウから [ ]°

で角をかけば300°になります。

② 300° = 360° − [ ]° と考えます。

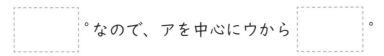

1周が [ ]°なので、矢印の向きに300°と

いうことは、矢印と反対向きに [ ]°の角を

かいた場所と同じところにあります。

①、②の方法で自分でかいてみましょう。
①の方法　　　　　　　　　　　②の方法

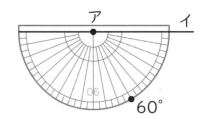

つまずきをなくす説明

2 しゅるいの三角じょうぎがあるわ！

① 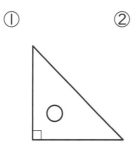 ②

どちらも1つの角は直角で、とくべつな三角形なんだ。

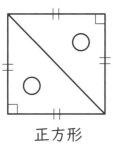
正方形

ちょっと太っちょの①は正方形を2等分した形なんだよ！

45°
90°
45°

二等分ということはとがった角の大きさはどちらも 90 ÷ 2 で、45°だね！

この形を直角二等辺三角形というよ！

正三角形

ちょっとスリムな②は正三角形を二等分した形なんだ。

30°
90°
60°

大きい方の角の大きさが 60°、小さい方はその半分の 30°だよ。

ということは、正三角形の3つの角の大きさはどれも60°なんだね！

60°
60° 60°

正三角形の3つの角はどれも60°だ。

では、右の図のように1組の三角じょうぎを組み合わせると、(あ)、(い)の角の大きさはそれぞれ何度かな？

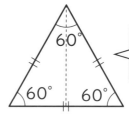

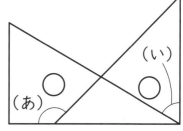
(い)
(あ)

(あ)は直線に太っちょ①の45°が重なってできた角だから、180 − 45 = 135 で 135°ね！

太っちょ①
(あ) 45°
(あ) = 135°

(い)は太っちょ①の直角にスリムな②の30°が重なってできた角だぞ！ということは、90 − 30 = 60 だから 60°だね！

スリム②

30°
(い)
(い) = 60°

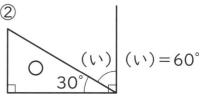

→答えは別冊 30 ページ

例題3

図のように1組の三角じょうぎを組み合わせました。（あ）、（い）の角の大きさはそれぞれ何度ですか。

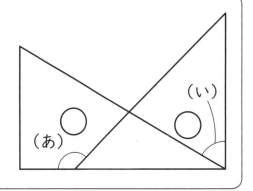

角の大きさは、わかっている角の大きさから、開き具合を考えてたし算、ひき算で計算することができます。

角（あ）について、

一直線は 180° なので、右の図のようになります。

角（あ）は 180 − 45 = 135 より、135°です。

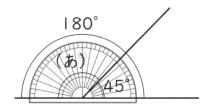

角（い）について、

直角は 90° なので、右の図のようになります。

角（い）は 90 − 30 = 60 より、60°です。

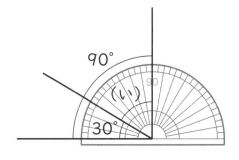

三角じょうぎの角度と
直角＝ 90°、一直線＝ 180°、1周＝ 360° は
おぼえておこう！

3 三角じょうぎについて、ア〜カの角の大きさを答えましょう。

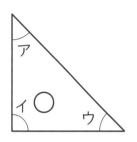

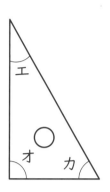

ア = ◻ °　　イ = ◻ °　　ウ = ◻ °

エ = ◻ °　　オ = ◻ °　　カ = ◻ °

4 １組の三角じょうぎを図のように組み合わせました。このとき、ア、イの角の大きさを答えましょう。

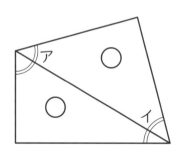

ア = ◻ °　　イ = ◻ °

5 右の図のように 2 本の直線が交わっています。

このとき、ア、イ、ウの角の大きさをもとめましょう。

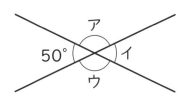

ア ＝ 〔　　　〕° 　　イ ＝ 〔　　　〕° 　　ウ ＝ 〔　　　〕°

あれ？　向かい合っている角の大きさ
が同じになっているぞ。

これは、どんな場合でも言えるのかしら？

6 右の図のように 2 本の直線が

交わっている場合について考えます。

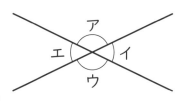

〔　　　〕 の中に、あてはまる数や言葉を書きましょう。

角アと角イの大きさの合計は 〔　　　〕°

角イと角ウの大きさの合計も 〔　　　〕° です。

このことから、ア＋イ＝イ＋ウとなります。

この式の左がわと右がわの両方からイをひくと、ア＝ウとなり、角アと

角 〔　　　〕 の大きさは同じことがわかります。

同じように考えると、角イと角 〔　　　〕 の大きさも同じです。

2 本の直線が交わっているとき、
向かい合う角の大きさはいつでも同じになるんだね。

→答えは別冊 30 ページ

1 次の角度の大きさを分度器ではかりましょう。

(1)

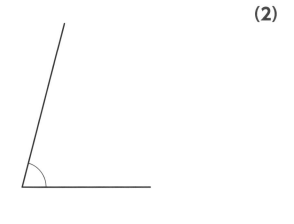

(2)

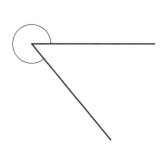

°

°

2 分度器を使って、アを中心に次の大きさの角をかきましょう。

(1) 130°

(2) 225°

ア　　　　　イ

ア　　　　　イ

3 １組の三角じょうぎを図のように組み合わせました。ア、イの角の大きさをもとめましょう。

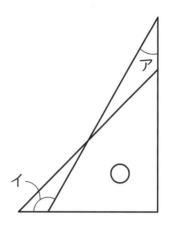

ア = ◻ °　　イ = ◻ °

4 次の図でしるし（ ⫽ ）のついた角の大きさをもとめましょう。

(1)

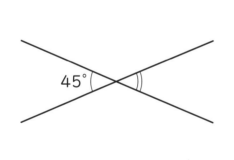

◻ °

(2)

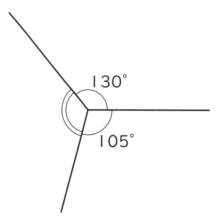

◻ °

直線の垂直と平行

関連ページ 「つまずきをなくす小4・5・6 算数平面図形」 26〜33 ページ

つまずきをなくす説明

 ? 先生、「垂直」とか「平行」とかいう言葉が出てきたんだけど、これって何かな？

 「垂直」「平行」はどちらも2本の直線の位置関係を表す言葉だよ。
2本の直線が交わってできる角が直角（90°）になっているとき、
この2本の直線は垂直というよ。

 ということは、このような関係だね。

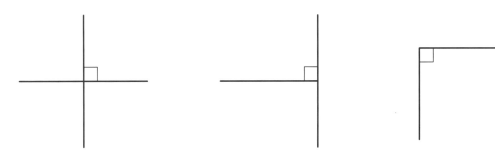

そうだね。他にも、右の図のように
のばすと直角に交わるときも垂直というよ。

 ? では「平行」というのはどういう関係なの？

右の図の直線アと垂直に交わる直線を2本
引いてごらん。

 ア

 こうかな？

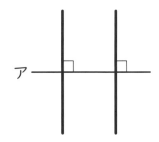 ア

そうだね。今引いた2本の直線の関係を平行というよ。

ということは、他にもこんな場合も平行だね。

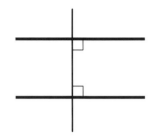 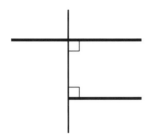 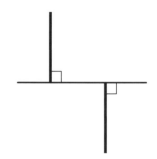

その通り。
ところで、平行な2本の直線について、何か気づくことはないかな？

 平行な直線は、どこまでのばしても交わりそうにないぞ。

そうだね。ということは、平行な2本の直線のはばはどこでも同じ長さになるよ。

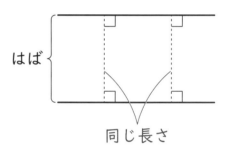

右の図は、平行な2直線に1本の直線が交わっているんだけど、角度について気づいたことはないかな？

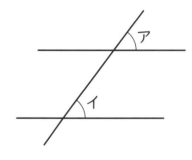

 アとイの角の大きさが同じだ！

その通り。
ぎゃくに、1本の直線に2本の直線が等しい角度で交わっているとき、この2本の直線は平行であることもわかるよ。

 角度がわかると平行かどうかがわかるんだね。

では、三角じょうぎを使って垂直な直線を
かいてみよう。
たとえば右の図で、点Aを通って直線アに
垂直な直線を引くには、どうすればいいかな？

•A

ア ─────────────────

垂直ということは、直角に交わるんだけど……。

三角じょうぎには直角があるから、それを利用すると、次のようにかけるよ。

①三角じょうぎを直線アに合わせておきます。

②最初の三角じょうぎに、もう１まいの三角じ
ょうぎの直角の部分をぴったり当てておきま
す。

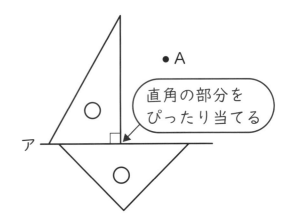

③最初のじょうぎを動かさないようにしながら、
２まい目のじょうぎをAと重なるようにずら
して線を引きます。

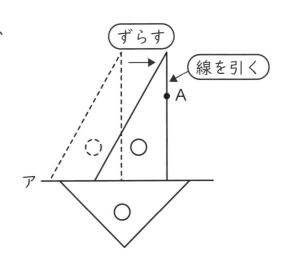

次に、平行な直線の引き方を考えてみよう。
右の図で、点Aを通って直線アに平行な直
線は、どのように引くといいかな？

A
•

ア ────────────────────

直線アに垂直な直線イを引いて、点Aを通って直線イと垂直な直線を引くとかけるよ。

それはいい考えだね。
でも、次のようにすると、もっとかんたんに引くことができるよ。

①三角じょうぎを直線アに合わせておきます。

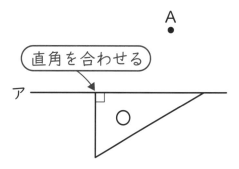

②図の向きになるように、もう１まいの
　三角じょうぎをおきます。

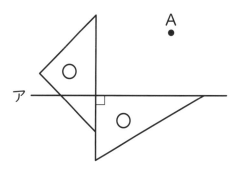

③２まい目のじょうぎを動かさないまま、
　最初のじょうぎをAと重なるように
　ずらして線を引きます。

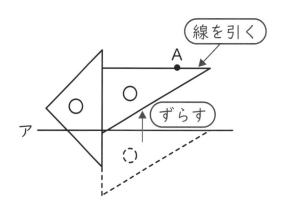

→答えは別冊 31 ページ

1 次の □ にあてはまる言葉を答えましょう。

(1) 下の図のように 2 本の直線の作る角が □ のとき、その 2 本の直線

は □ であるといいます。

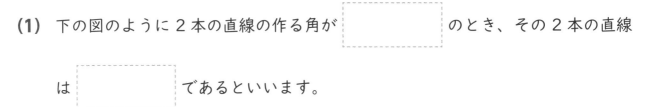

(2) 下の図のように 1 本の直線に垂直な 2 本の直線は □ であるといい

ます。

平行な 2 本の直線は、他の直線と交わるとき、

□ 角度で交わります。

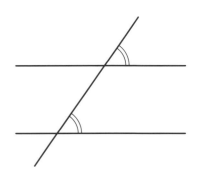

2 Ｉ組の三角じょうぎを使って、垂直な直線と平行な直線をかきましょう。

(1) 点 A を通り直線アに垂直な直線をかきましょう。

A •

ア ——————————————————

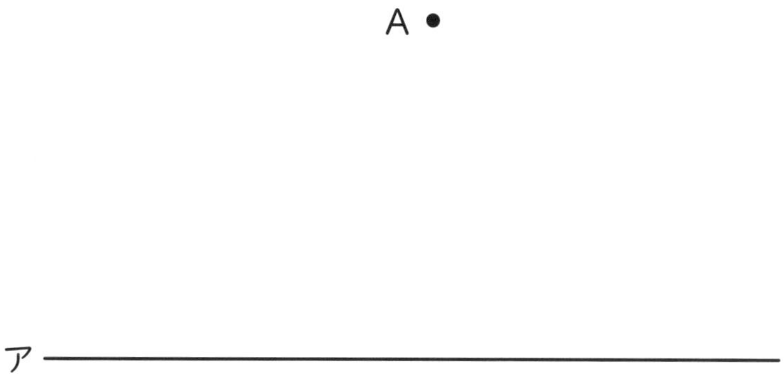

(2) 点 A を通り直線アに平行な直線をかきましょう。

A
•

ア ——————————————————

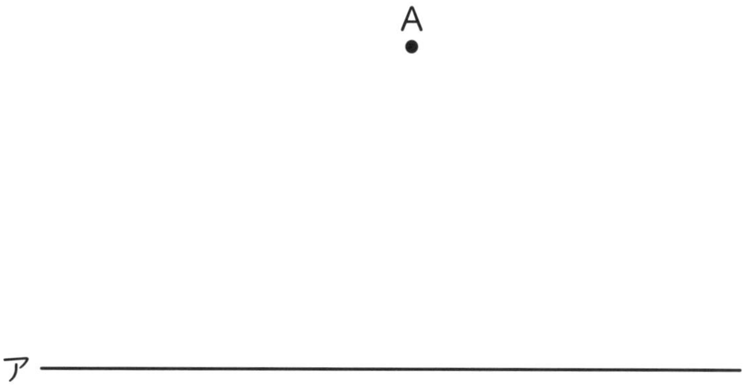

1 下の図の中で、垂直な直線はどれとどれですか。記号で答えましょう。

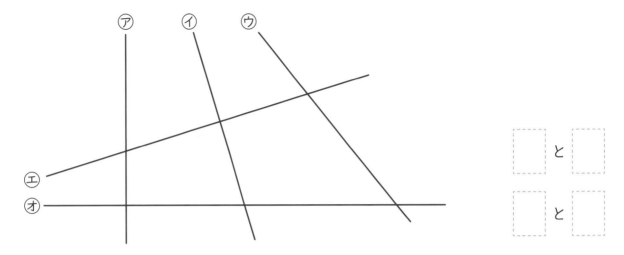

□ と □

□ と □

2 下の図の中で、平行な直線はどれとどれですか。記号で答えましょう。

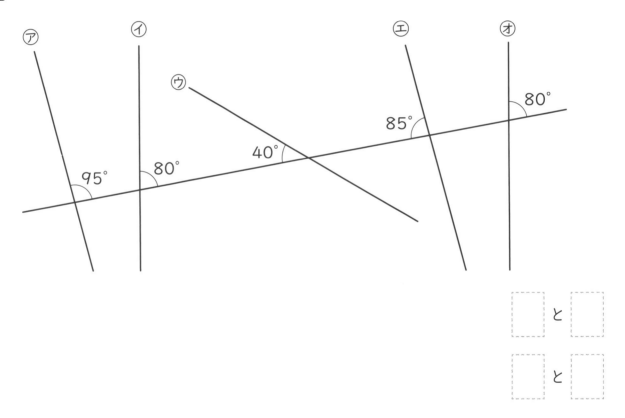

□ と □

□ と □

3 次の図で直線あと直線いが平行であるとき、ア、イ、ウの角の大きさをもとめましょう。

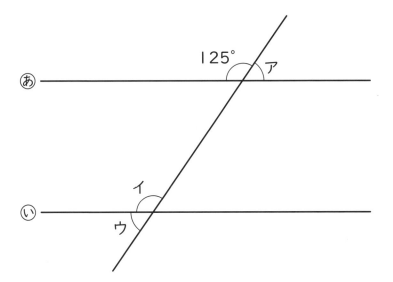

ア = ☐°

イ = ☐°

ウ = ☐°

4 1組の三角じょうぎを使って、次の作図をしましょう。また、☐にあてはまる言葉を答えましょう。

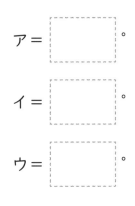

(1) 点Pを通り、直線アに垂直（すいちょく）な直線を作図しましょう。（この直線を直線イとします）

(2) 点Pを通り、直線イに垂直（すいちょく）な直線を作図しましょう。（この直線を直線ウとします）

(3) 直線アと直線ウは ☐ な

関係（かんけい）にあります。

いろいろな四角形

関連ページ 「つまずきをなくす小4・5・6算数平面図形」 48〜51 ページ

つまずきをなくす説明

いろいろな四角形がたくさん出てきて、何がなんだかわからないよ……。

とくべつなとくちょうを持っている四角形には、名前がつけられているよ。まずはそのとくちょうをかくにんしよう！

○台形

向かい合う1組の辺（へん）が平行な四角形を
台形といいます。

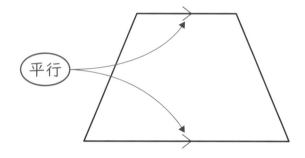

平行

○平行四辺形（へいこうしへんけい）

向かい合う2組の辺（へん）が平行な四角形を
平行四辺形（へいこうしへんけい）といいます。

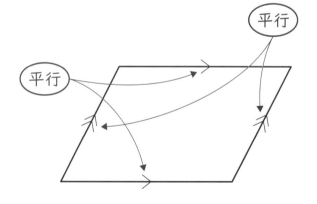

平行

平行

○ひし形

4つの辺（へん）の長さが等しい四角形を
ひし形といいます。

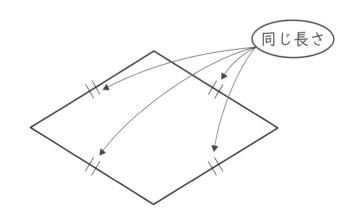

同じ長さ

○長方形

4つの角がすべて直角な四角形を
長方形といいます。

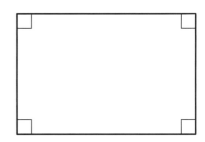

○正方形

4つの辺の長さが等しく、4つの角の
大きさも等しい四角形を正方形といい
ます。

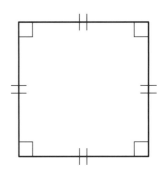

 ところで、平行四辺形の対角線がどうとかって聞くけど、対角線って何なの？

とくべつな四角形には辺や角、対角線にもとくちょうがあるよ。
それを次のページでまとめる前に、辺と対角線についてかくにんしておこう！

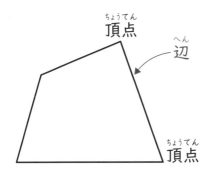

となり合う2つの頂点をむすんだ線
を辺といいます。

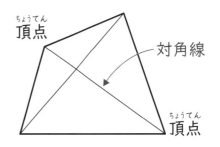

となり合わない2つの頂点をむすん
だ線を対角線といいます。
四角形には対角線を2本引くことが
できます。

右の図は平行四辺形だよ。

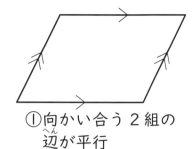

①向かい合う2組の
辺が平行

向かい合う辺が平行な四角形のことだね。

平行四辺形の辺・角・対角線それぞれについて、気づくことはないかな？

向かい合う辺の長さが同じだ。

向かい合う角の大きさも同じだわ。

2本の対角線はそれぞれの真ん中の点で交わっているよ。

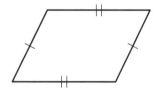

②向かい合う辺の
長さが等しい

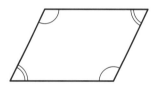

③向かい合う角の
大きさが等しい

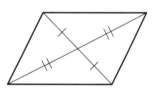

④対角線がそれぞれの
真ん中の点で交わる

次はひし形について考えよう。

ひし形は
4つの辺の長さが等しい

↓

平行四辺形になるので、
①～④はすべてなり立つ

ひし形って全部の辺の長さが同じだから、上の②がなり立っているわ。ということは、ひし形って平行四辺形ということ？

その通り。ひし形は平行四辺形のとくべつな場合だから、上の①から④は全部なり立っているよ。他に、対角線の交わり方にとくちょうはないかな？

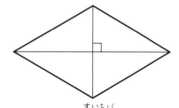

⑤対角線が垂直に交わる

対角線が垂直に交わっているよ。

次は長方形だよ。

 長方形は③がなり立っているから平行四辺形。ということは①から④が全部なり立つね。

対角線について、他にわかることはないかな？

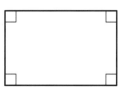
長方形は 4 つの角が
すべて直角

↓

平行四辺形になるので、
①〜④はすべてなり立つ

 対角線の長さが 2 本とも同じだね。

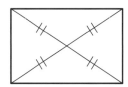
⑥2 本の対角線の長さが等しい

最後は正方形だ。

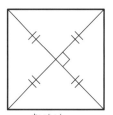

 4 つの辺の長さが同じということは、ひし形のとくべつな場合だね。

⑤対角線が垂直に交わる
⑥2 本の対角線の長さが等しい

4 つの角もすべて直角だから、長方形のとくべつな場合にもなっているわ。

正方形はひし形、長方形のどちらのせいしつもすべて持っているよ。

まとめ

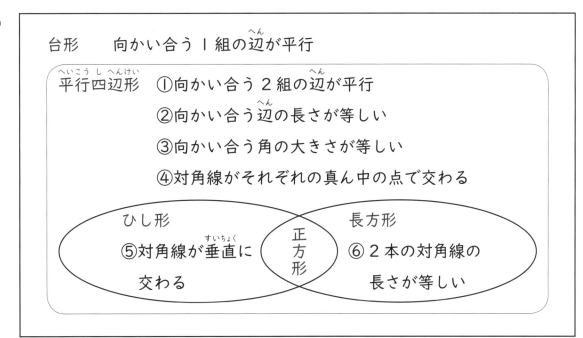

→答えは別冊 31 ページ

1 次の ⬚ にあてはまる言葉を答えましょう。

(1) 右の図のような向かい合う 1 組の辺が平行な四角形を

⬚ といいます。

(2) 右の図のような向かい合う 2 組の辺が平行な四角形を

⬚ といいます。

この四角形は、向かい合う ⬚ の長さが等しく、

向かい合う ⬚ の大きさも等しいです。

またこの四角形の 2 本の ⬚ は、

それぞれの真ん中の点で交わります。

(3) 右の図のような 4 つの辺の長さが等しい四角形を

⬚ といいます。

この四角形は、平行四辺形のなかまなので、

向かい合う 2 組の辺は ⬚ で、

向かい合う ⬚ の大きさは等しいです。

また、この四角形の対角線は ⬚ に交わります。

(4) 4つの角がすべて直角である四角形を ┊　　　　　┊、

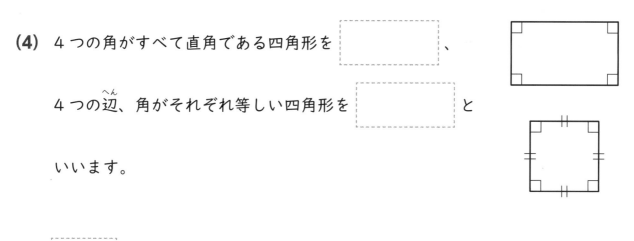

4つの辺、角がそれぞれ等しい四角形を ┊　　　　　┊と

いいます。

次の ┊　　　┊ の中にあてはまる数や言葉を書きましょう。

2 右の図は平行四辺形です。

このとき、

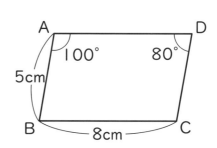

辺 CD の長さは ┊　┊ cm、

辺 AD の長さは ┊　┊ cm、

角 B の大きさは ┊　　　┊°、

角 C の大きさは ┊　　　┊°です。

平行四辺形の向かい合う辺や角は
それぞれ等しいよ。

3 右の図はひし形です。このとき、

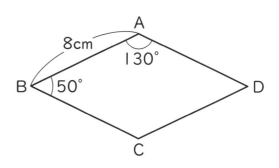

辺 CD の長さは ┊　　┊ cm、

辺 BC の長さは ┊　　┊ cm、

角 C の大きさは ┊　　　┊°、

角 D の大きさは ┊　　　┊°です。

また2本の対角線 AC と BD は ┊　　　　┊に交わります。

→答えは別冊 32 ページ

1 いろいろな四角形のせいしつを下の表のようにまとめました。図を見ながら、いつでもあてはまるものに○、そうでないものに×をつけましょう。

   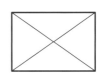

台形　　　平行四辺形　　　ひし形　　　長方形　　　正方形

	台形	平行四辺形	ひし形	長方形	正方形
向かい合う1組の辺のみが平行					
向かい合う2組の辺が平行					
向かい合う辺の長さが等しい					
向かい合う角の大きさが等しい					
4つの辺の長さが等しい					
4つの角の大きさが等しい					
対角線がそれぞれの真ん中の点で交わる					
2本の対角線が垂直に交わる					
2本の対角線の長さが等しい					

2 右の図の四角形 ABCD はひし形で、O は2本の対角線が交わる点です。このとき、次の □ にあてはまる数を答えましょう。

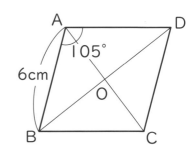

辺 BC の長さは □ cm、

辺 CD の長さは □ cm、

角 C の大きさは □ °、

O のまわりにできた4つの角の大きさはすべて □ °です。

3 右の図は長方形で、O は 2 本の対角線 AC と BD が交わった点です。このとき、次の [　] にあてはまる数を答えましょう。

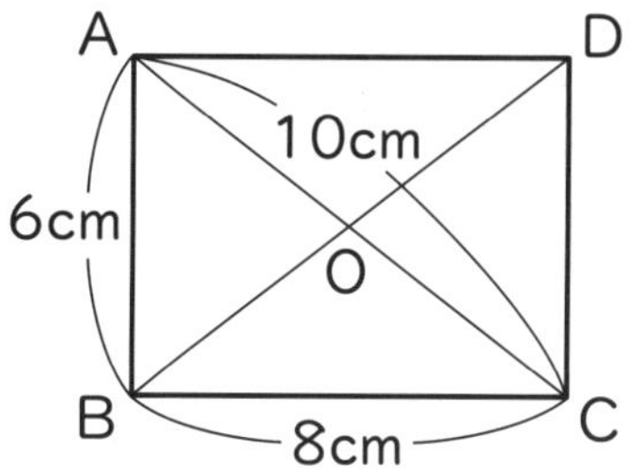

辺 CD の長さは [　] cm、辺 AD の長さは [　] cm、

4 つの角 A、B、C、D の大きさはすべて [　] °、

対角線 BD の長さは [　] cm、

OA の長さは [　] cm です。

4 いろいろな四角形に対角線を 2 本引いたときにできる、4 つの三角形について考えます。次の [　] にあてはまる三角形の名前を答えましょう。

(1) ひし形に 2 本の対角線を引いたときにできる

4 つの三角形はすべて [　　　　　　　] です。

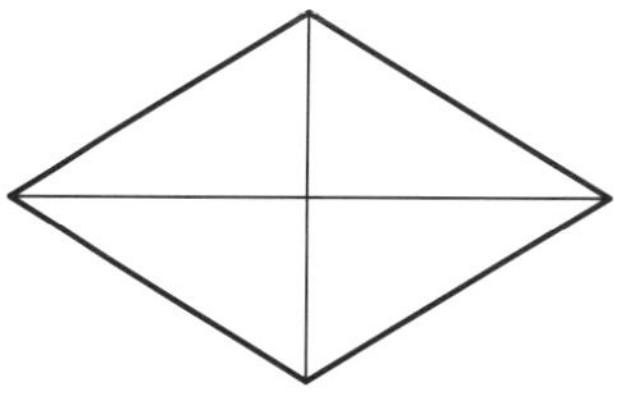

(2) 長方形に 2 本の対角線を引いたときにできる

4 つの三角形はすべて [　　　　　　　] です。

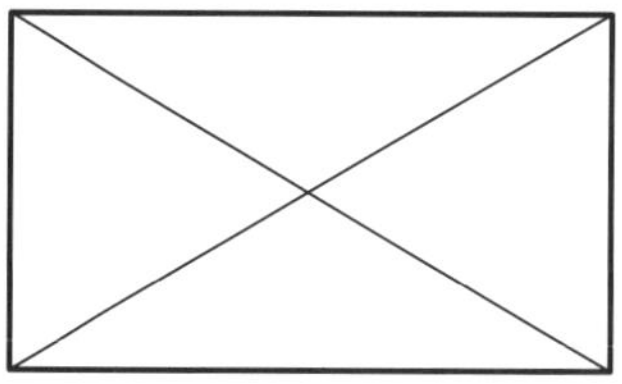

(3) 正方形に 2 本の対角線を引いたときにできる

4 つの三角形はすべて [　　　　　　　] です。

面積①

関連ページはありません。教科書で確認しておきましょう。

つまずきをなくす説明

 先生、面積って何？

 広さのことを面積というんだよ。

 面積はどのように表すの？

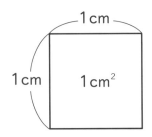

 1辺の長さが1cmの正方形の面積を 1cm²（平方センチメートル）と決めたんだ。 これが何こ入るかが面積になるよ。

面積の単位

cm² ── 右上に 小さく書こう！

平方センチメートル

2cm²
| 1cm² | 1cm² |

3cm²
| 1cm² | 1cm² | 1cm² |

1cm²の正方形が2つ分で2cm² 3つ分で3cm²と決めたよ

 たての長さが2cm、横の長さが3cmの長方形の面積は何cm²かな？

 1辺の長さが1cmの正方形が いくつ入るか考えればいいのね！

 たてに2こ、横に3こずつ入るから、 全部で2×3＝6で、6こ入るね。 面積は6cm²だ。

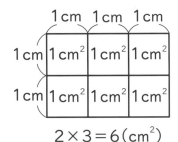

$2×3＝6(cm^2)$

 長方形の面積は「たての長さ×横の長さ」でもとめられるよ。 正方形の面積はたてと横の長さが同じなので、「1辺の長さ×1辺の長さ」 でもとめられるよ。

図形の広さのことを面積といいます。

１辺の長さが 1cm の正方形の面積を 1cm² といい、面積はこの正方形が何こ入るかで決めます。

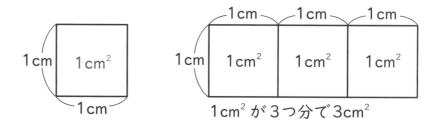

1cm² が３つ分で3cm²

→答えは別冊 32 ページ

例題 1

たての長さが 2cm、横の長さが 3cm の
長方形の面積は何 cm² ですか。

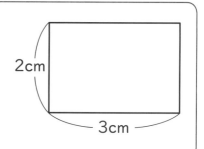

右の図のように 1cm ずつに区切って考えます。

１辺 1cm の正方形がたてに２こ、横に３こずつ

ならんでいるので、全部で 2 × 3 ＝ 6 より、

6 こ入っています。

このことから、この長方形の面積は 6cm² です。

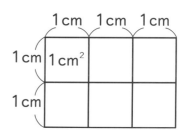

同じように考えると、長方形と正方形の面積は次の式でもとめられます。

長方形の面積＝たての長さ×横の長さ
正方形の面積＝１辺の長さ×１辺の長さ

→答えは別冊 32 ページ

┌─────────┐
│   │ の中に、あてはまる数などを書きましょう。
└─────────┘

1 次の図のような長方形、正方形の面積をもとめましょう。（1）は長方形、（2）は正方形です。

(1)

4cm

7cm

(2)

10cm

（1） 1辺の長さが 1cm である正方形の面積

は ┌─────────┐ です。
　　└─────────┘

この長方形の中には、1辺 1cm の正方形が

たてに ┌──┐ こ、横に ┌──┐ こ
　　　 └──┘ 　　　　 └──┘

ならぶので、全部で ┌─────┐ この正方形が入ります。
　　　　　　　　　 └─────┘

このことから、長方形の面積は ┌──┐ × ┌──┐ = ┌─────┐ で、┌─────┐ cm² です。
　　　　　　　　　　　　　　 └──┘ 　 └──┘ 　 └─────┘ 　 └─────┘

（2） 1辺 10cm の正方形の中には 1辺 1cm の正方形がたて、横ともに

┌─────┐ こずつならぶので、全部で ┌─────┐ × ┌─────┐ = ┌─────┐ （こ）
└─────┘ 　　　　　　　　　　　　 └─────┘ 　 └─────┘ 　 └─────┘

入ります。

正方形の面積は ┌─────┐ × ┌─────┐ = ┌─────┐ より、┌─────┐ cm² です。
　　　　　　　 └─────┘ 　 └─────┘ 　 └─────┘ 　　　 └─────┘

2 次の図形の面積を①、②の2通りの方法でもとめましょう。ただし、図の角はすべて直角です。

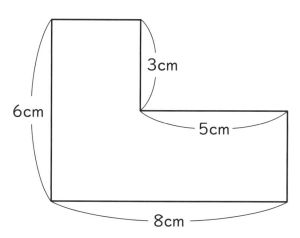

① 右のようにアとイの2つの図形に分けて考えます。

あは ☐ － ☐ ＝ ☐ （cm）なので

アの面積は ☐ × ☐ ＝ ☐ （cm²）

いは ☐ － ☐ ＝ ☐ （cm）なので

イの面積は ☐ × ☐ ＝ ☐ （cm²）

なので、この図形の面積は

☐ ＋ ☐ ＝ ☐ より、 ☐ cm² です。

② 右のように大きい長方形を作って考えます。

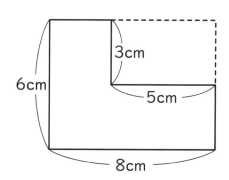

大きい長方形は ☐ × ☐ ＝ ☐ （cm²）

いらない部分は ☐ × ☐ ＝ ☐ （cm²）

なので、この図形の面積は

☐ － ☐ ＝ ☐ より、 ☐ cm² です。

→答えは別冊 32、33 ページ

1 次の図形の面積をもとめましょう。ただし、図の角はすべて直角です。

(1)

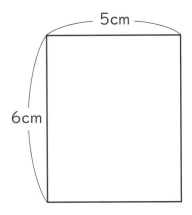

（式）

答え：　　　　cm²

(2)

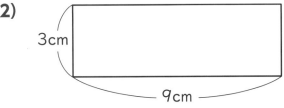

（式）

答え：　　　　cm²

(3)

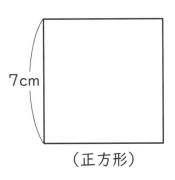

（正方形）

（式）

答え：　　　　cm²

(4)

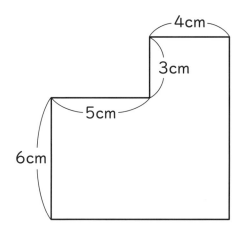

（式）

答え：　　　　　cm²

(5)

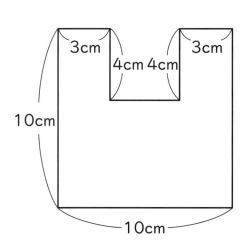

（式）

答え：　　　　　cm²

(6)

（式）

答え：　　　　　cm²

面積②

関連ページはありません。教科書で確認しておきましょう。

つまずきをなくす説明

 教室の長さを調べたら、たてが 7m、横が 9m あったよ。

 ということは、面積はどれだけになるかな？

 たて 700cm、横 900cm だから 700 × 900 で、630000cm² だ。

 何か 0 が多くてわかりにくいわね……。

 実は、面積の単位は cm² 以外にもいろいろあるんだよ。
たとえば次のようなものがあるよ。

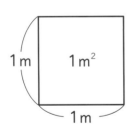

1 辺の長さが 1m の正方形の面積を
1m²（平方メートル）といいます。

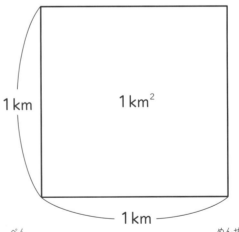

1 辺の長さが 1km の正方形の面積を
1km²（平方キロメートル）といいます。

 教室の面積は m² で表すと 7 × 9 = 63 で、63m² だ。
630000cm² よりも、こちらの方がわかりやすいね！

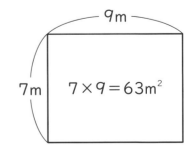

面積の単位としてこれまで出てきた3つ「cm²」「m²」「km²」の関係を考えよう。
まずは1m²は何cm²かな？

1mが100cmだから1m²も100cm²かな？

う～ん、そうじゃないんだ。
でも1m＝100cmというところから考えることができるよ。

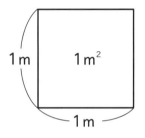
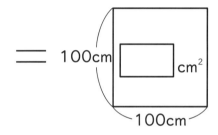

1m²は1辺が1mの正方形、ということは1辺が100cmの正方形の面積と同じだ！
それなら、100 × 100 ＝ 10000だから、1m² ＝ 10000cm²だ！

その通り！　じゃあ、同じように考えると1km²は何m²かな？

1km²は1辺1km ＝ 1000mの正方形の面積と
同じだから、1000 × 1000を計算して、
1000000m²だわ。

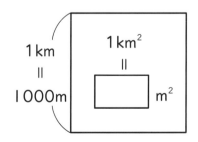

面積の単位はここまで出てきたcm²、m²、km²以外にもまだあるよ。
それについては次のページでかくにんしよう！

→答えは別冊34ページ

1 前ページの面積の単位の関係について、□にあてはまる数を答えましょう。

(1) 1m² は何 cm² か考えます。

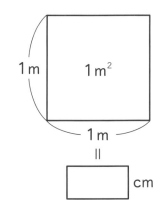

1m² は 1 辺が 1m ＝ □ cm の正方形の面積

と同じなので、1m² は、

□ × □ ＝ □

より、□ cm² です。

(2) 1km² は何 m² か考えます。

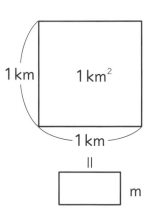

1km² は 1 辺が 1km ＝ □ m の正方形の面積

と同じなので、1km² は、

□ × □ ＝ □

より、□ m² です。

2 面積の単位は **1** で出てきたものの他にも次のようなものがあります。

(1) 1 辺の長さが 10m の正方形の面積を 1a（アール）と

いいます。1a は、

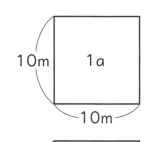

□ × □ ＝ □ より、□ m² です。

(2) 1 辺の長さが 100m の正方形の面積を 1ha（ヘクタール）

といいます。1ha は、

□ × □ ＝ □ より、□ m² です。

3 ここまでに出てきた面積の単位の関係をまとめると、次のようになります。
（図の四角形は正方形）

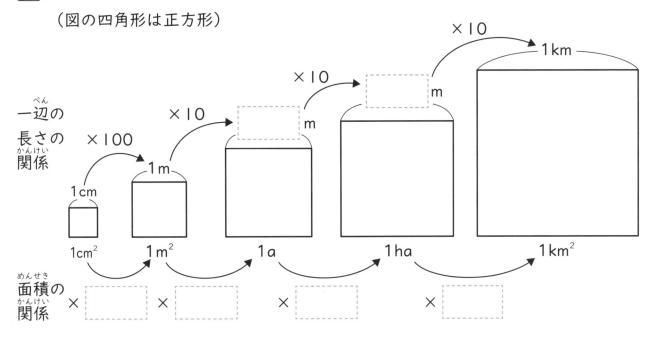

4 次の図形の面積を【　】内の単位でもとめましょう。

(1) 【m²】

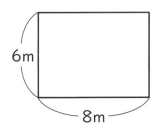

たて 6m、横 8m の長方形なので、

$$\boxed{} \times \boxed{} = \boxed{} \quad より、\quad \boxed{} \ m^2$$

(2) 【a】

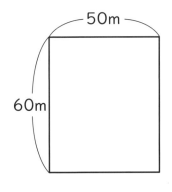

たて 60m、横 50m の長方形なので、

$$\boxed{} \times \boxed{} = \boxed{} \ (m^2)$$

$1a = \boxed{} \ m^2$ であることを使うと、

これは $\boxed{}$ a と同じです。

→答えは別冊 34、35 ページ

1 次の ☐ にあてはまる数を答えましょう。

(1) 6m² = ☐ cm²

(2) 8km² = ☐ m²

(3) 400a = ☐ m²

(4) 15ha = ☐ a

(5) 3000ha = ☐ km²

(6) 54000m² = ☐ ha

2 次の長方形または正方形の面積を【 】内の単位で答えましょう。

(1) 【m²】　　　　　　　　　　　　　（式）

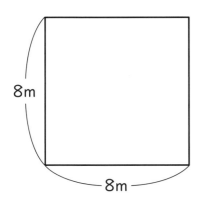

答え：　　　　　　m²

(2) 【km²】　　　　　　　　　　　　（式）

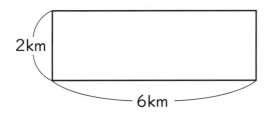

答え：　　　　　　km²

(3) 【ha】　　　　　　　　　　　　　（式）

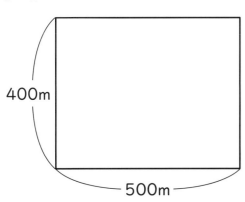

答え：　　　　　　ha

直方体と立方体①

関連ページ 「つまずきをなくす小4・5・6算数立体図形」10～39ページ

つまずきをなくす説明

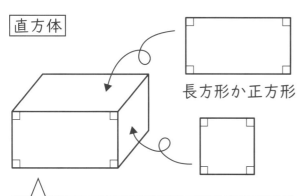

直方体

長方形か正方形

長方形のみでかこまれてできる立体や
長方形と正方形でかこまれてできる
立体を直方体というよ！

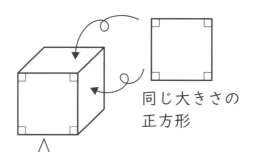

立方体

同じ大きさの
正方形

同じ大きさの正方形で
かこまれてできる立体を
立方体というよ！

 ティッシュの箱のような
立体のことだね！

 さいころは立方体よね！

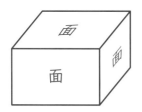

直方体や立方体を
かこんでいる
長方形や正方形を
面というよ！

直方体も立方体も面の数は6つだよ！

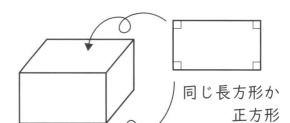

同じ長方形か
正方形

向かい合う面は同じ形だから
（上下）（左右）（前後）の
合計3しゅるいの形に
分けられるよ！

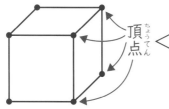

頂点

はじのとがった部分を
頂点というよ！
直方体も立方体も
頂点の数は8こだ！

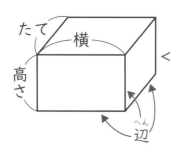

たて
横
高さ
辺

となり合う頂点を
むすんだ線を辺というよ！
直方体も立方体も
辺の数は12本だ！

立方体のたて、横、高さの辺
の長さはすべて同じだね！
直方体の辺は
たて、横、高さの3しゅるい
の長さに分けられるよ！
それぞれ4本ずつだね。

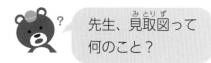

先生、見取図って
何のこと？

立体の全体の形がわかるように
かいた図のことだよ。
ななめ上から見たようにかくといいね！

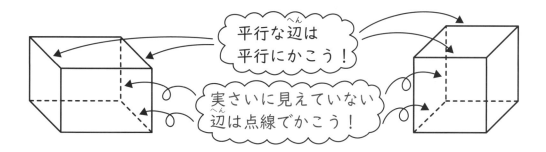

平行な辺は
平行にかこう！

実さいに見えていない
辺は点線でかこう！

先生、展開図って
何のこと？

立体を切り開いて広げてかいた図のことだよ。
同じ立体であってもどこを切るかによって、
いろいろな展開図がかけるんだ。

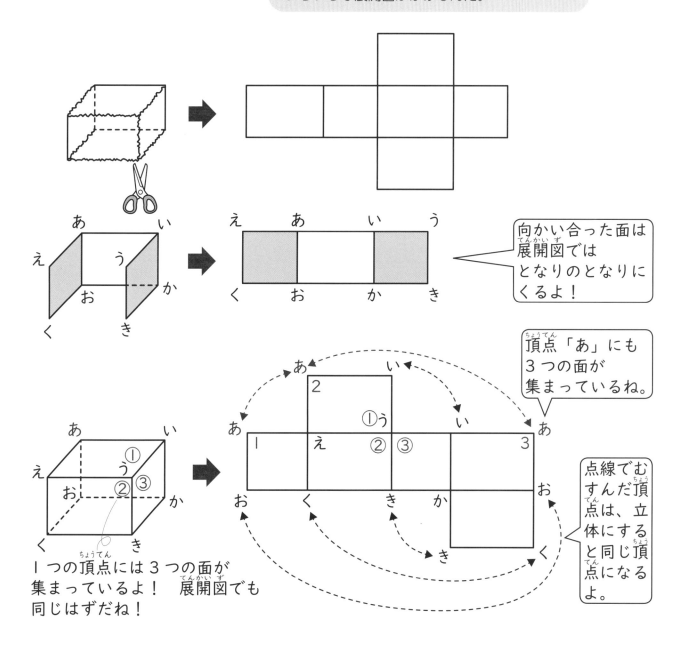

向かい合った面は
展開図では
となりのとなりに
くるよ！

頂点「あ」にも
3つの面が
集まっているね。

1つの頂点には3つの面が
集まっているよ！ 展開図でも
同じはずだね！

点線でむすんだ頂点は、立体にすると同じ頂点になるよ。

1 次の ┌┄┄┐ にあてはまる言葉や数を答えましょう。

(1) 右の図のような、長方形だけでかこまれた形や、

長方形と正方形でかこまれた形を ┌┄┄┄┄┄┐ と

いいます。

この立体には、

面が ┌┄┐ つ、辺が ┌┄┄┄┐ 本、頂点が ┌┄┐ こあります。

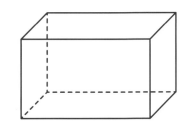

(2) 右の図のような、正方形だけでかこまれた形を

┌┄┄┄┄┄┐ といいます。

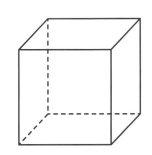

2 下の方眼紙をりようして、直方体の展開図になるように他の辺をかいてみましょう。

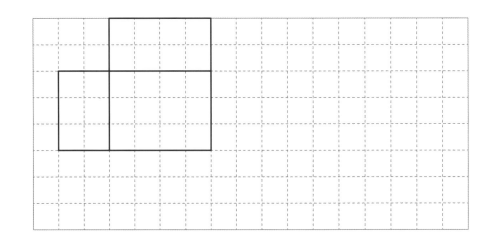

3 右の図のような立方体を、太線で切り開きました。このときにできる展開図に<ruby>てんかいず</ruby>なるように、左の方眼紙<ruby>ほうがんし</ruby>の中にかきこみましょう。

(1)

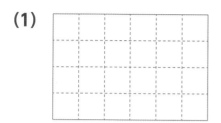

(2)

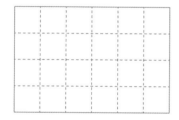

(3)

やってみよう

→答えは別冊 35 ページ

1 右の図のような直方体について、

次の ☐ にあてはまる数を答えましょう。

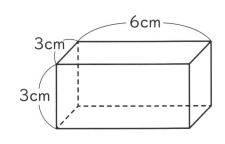

(1) 頂点は ☐ こあります。

(2) 長方形の面は ☐ つ、正方形の面は ☐ つあります。

(3) 6cm の辺は ☐ 本、3cm の辺は ☐ 本あります。

2 下の図の中で、立方体の展開図として正しいものをすべて選びましょう。

ア
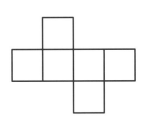

イ
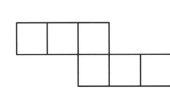

ウ
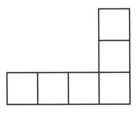

エ
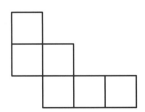

オ
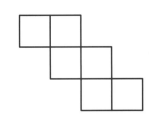

カ
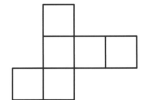

答え：

3 下の図は直方体の展開図です。次の点と重なる点を答えましょう。

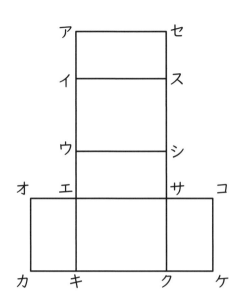

(1) 点アと重なる点はどれですか。

答え：

(2) 点イと重なる点はどれですか。

答え：

(3) 点ウと重なる点はどれですか。

答え：

4 下の図は立方体の展開図です。次の点と重なる点を答えましょう。2つ以上ある場合はすべて答えましょう。

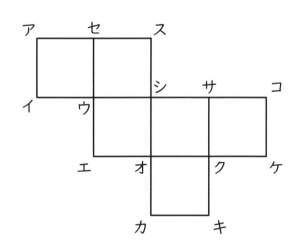

(1) 点アと重なる点はどれですか。

答え：

(2) 点イと重なる点はどれですか。

答え：

(3) 点セと重なる点はどれですか。

答え：

直方体と立方体②

関連ページ 「つまずきをなくす小4・5・6 算数立体図形」42〜47ページ

つまずきをなくす説明

◇辺どうしの位置関係◇

同じ向きで、どこまでのばしても交わらない辺と辺の
関係を 平行 というよ！

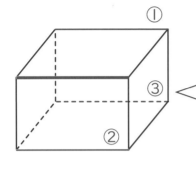

直方体の場合、
1つの辺と平行な
辺は3本あるよ！

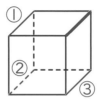 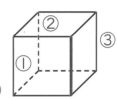

それぞれの面の形は長方形か正方形だから、
向かい合う辺は平行で、しかも、
同じ長さになっているはずだね！

直角に交わる辺と辺の関係を 垂直 というよ！

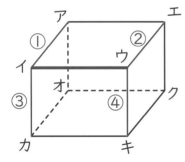 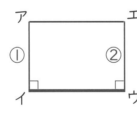 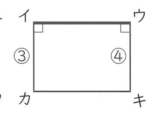

真上から見た図　　正面から見た図

それぞれの面の形は長方形か正方形だから、
辺と辺は頂点で垂直に交わっているね！

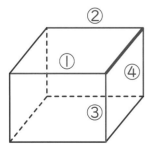 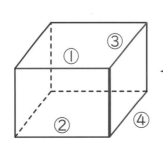

直方体の場合、
1つの辺に垂直な辺は
4本あるよ！

◇面どうしの位置関係◇

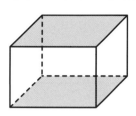

どこまで広げても交わらない面と面の関係を 平行 というよ！

直方体の場合、1つの面と平行な面は1つだけ、

向かい合わせの面だよ！

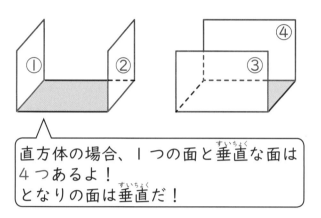

直角に交わる面と面の関係を 垂直 と

いうよ！

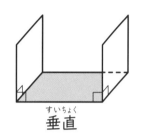 

垂直　　　　　　垂直ではない

直方体の場合、1つの面と垂直な面は
4つあるよ！
となりの面は垂直だ！

◇辺と面の位置関係◇

直角に交わる辺と面の位置関係を 垂直 というよ！

どういうこと？

ある1つの辺が
面を作っている2本の辺と
垂直に交わっている
場合だよ！

垂直

辺あは辺いと辺うが作る面⑦と垂直だ！

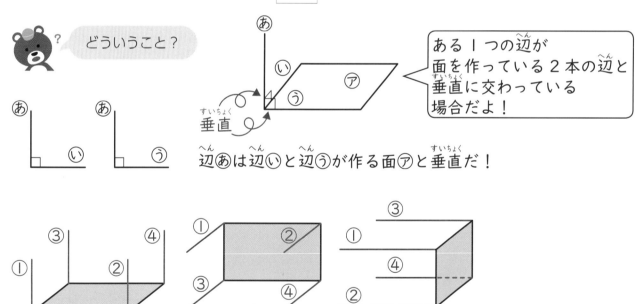

直方体では1つの面と垂直な辺は4本あるよ！

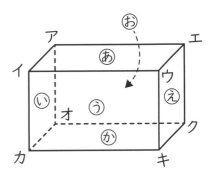

→答えは別冊 36 ページ

1 右の図のような直方体について、次の問いに
答えましょう。（　　）の中の数だけ答えが
あります。

(1) 辺アイと平行な辺はどれですか。（3 本）

答え：辺	辺	辺

(2) 辺アイと垂直な辺はどれですか。（4 本）

答え：辺	辺	辺	辺

(3) 面あと平行な面はどれですか。（1 つ）

答え：面

(4) 面あと垂直な面はどれですか。（4 つ）

答え：面	面	面	面

(5) 面あと垂直な辺はどれですか。（4 本）

答え：辺	辺	辺	辺

2 右の図のような立方体について、次の問いに
答えましょう。あてはまるものが2つ以上あるとき
にはすべて答えましょう。

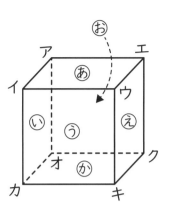

(1) 面⓪と垂直な面はどれですか。

答え：面　　　面　　　面　　　面

(2) 辺イカと垂直な辺はどれですか。

答え：辺　　　辺　　　辺　　　辺

(3) 面ⓔと平行な面はどれですか。

答え：面

(4) 辺ウエと平行な辺はどれですか。

答え：辺　　　辺　　　辺

(5) 面⓵と垂直な辺はどれですか。

答え：辺　　　辺　　　辺　　　辺

→答えは別冊 36 ページ

1 右の図は直方体の展開図です。これを
組み立ててできる立体について、次の問いに
答えましょう。あてはまるものが 2 つ以上
ある場合はすべて答えましょう。

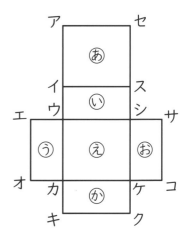

(1) 面㋐と平行な面はどれですか。

答え：面 _____

(2) 面㋒と垂直な面はどれですか。

答え：面 _____ 面 _____ 面 _____ 面 _____

(3) 辺アイと平行な辺はどれですか。ただし辺アイと重なるものはのぞきます。

答え：辺 _____ 辺 _____ 辺 _____ 辺 _____

(4) 辺ウエと垂直な辺はどれですか。ただし辺ウエと重なるものはのぞきます。

答え：辺 _____ 辺 _____ 辺 _____ 辺 _____ 辺 _____

2 右の図は立方体の展開図です。これを組み立ててできる立体について、次の問いに答えましょう。あてはまるものが2つ以上ある場合はすべて答えましょう。

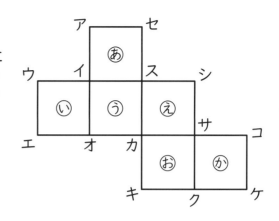

(1) 面あと平行な面はどれですか。

答え：面 [　　]

(2) 辺ウエと平行な辺はどれですか。ただし辺ウエと重なるものはのぞきます。

答え：辺 [　　]　辺 [　　]　辺 [　　]　辺 [　　]

(3) 辺オカと垂直な辺はどれですか。ただし辺オカと重なるものはのぞきます。

答え：辺 [　　]　辺 [　　]　辺 [　　]　辺 [　　]　辺 [　　]

(4) 面うと垂直な辺はどれですか。

答え：辺 [　　]　辺 [　　]　辺 [　　]　辺 [　　]　辺 [　　]　辺 [　　]　辺 [　　]

計算用紙

計算用紙

計算用紙

計算用紙

計算用紙

計算用紙

西村則康（にしむら　のりやす）

名門指導会代表　塾ソムリエ

教育・学習指導に 35 年以上の経験を持つ。現在は難関私立中学・高校受験のカリスマ家庭教師であり、プロ家庭教師集団である名門指導会を主宰。「鉛筆の持ち方で成績が上がる」「勉強は勉強部屋でなくリビングで」「リビングはいつも適度に散らかしておけ」などユニークな教育法を書籍・テレビ・ラジオなどで発信中。フジテレビをはじめ、テレビ出演多数。

著書に、「つまずきをなくす算数　計算」シリーズ（全7冊）、「つまずきをなくす算数　図形」シリーズ（全3冊）、「つまずきをなくす算数　文章題」シリーズ（全6冊）のほか、『自分から勉強する子の育て方』『勉強ができる子になる「1日10分」家庭の習慣』『中学受験の常識 ウソ？ホント？』（以上、実務教育出版）などがある。

追加問題や楽しい算数情報をお知らせする『西村則康算数くらぶ』のご案内はこちら➡

高野健一（たかの　けんいち）

名門指導会算数科主任。東京大学理学部数学科卒。在学中より受験数学の指導に携わり、効果的な学習法を研究する。卒業後は中学受験指導もその研究対象となり、西村則康氏の薫陶を受ける。本格的に中学受験プロ指導者となってからの15年間でほぼ毎年のように開成・麻布・桜蔭・女子学院などの難関校を筆頭に、多くの学校に合格者を送り出している。

問題の解法を一方的に教えるのではなく、生徒の答案やノートからその子の思考を読み取り、その思考に立脚した指導を心掛けている。中学受験だけでなく大学受験にも精通しており、中学入試で終わりでなく、一歩先を見据えたうえで今必要な内容の指導を行っている。その指導の知見は、大学受験改革で揺れ動く昨今の受験事情においてなお輝きを増している。

単に答えが合っているかだけではなく、問題用紙等に書かれた計算等の跡を詳細に分析し、正しい理解に基づき考えられているかを重要視した指導を心掛けている。

装丁／西垂水敦・市川さつき（krran）
本文デザイン・DTP ／明昌堂
本文イラスト／角田祐吾
制作協力／加藤彩

つまずきをなくす
小4 算数 全分野 基礎からていねいに

2020 年 2 月 10 日　初版第 1 刷発行
2024 年 5 月 10 日　初版第 3 刷発行

著　者　西村則康・高野健一
発行者　淺井　亨
発行所　株式会社 実務教育出版
　　　　〒163-8671　東京都新宿区新宿 1-1-12
　　　　電話　03-3355-1812（編集）　03-3355-1951（販売）
　　　　振替　00160-0-78270

印刷／文化カラー印刷　　製本／東京美術紙工